Katja Krauß

Sicher in der Stadt

Verkehrstraining für Hunde

KOSMOS

An der Leine durch die Stadt – Leinenführung   5

Vor- und Nachteile der Leine   6

Sicherheit im Straßenverkehr   6

Verständigung an der Leine   6

Gesundheitliche Probleme durch die Leinenführung   7

Wenn Hunde an der Leine ziehen   8

Unterwegs an der Leine   9

Hilfsmittel und Führtraining   17

Stopp am Straßenrand – Bordsteintraining   39

Die Wahrnehmung des Hundes ist anders   40

„Sitz" als Mittelmaß   42

Die Signalgebung beim Überqueren der Straße   44

Das richtige Signal heißt „Rüber"   45

„Rüber" einüben   46

Hilfen abbauen   47

„Sitz" am Bordstein   50

Anhalten und „Rüber" als Kombination   53

Reize simulieren – Ablenkungen schaffen   55

Essbares auf der Straße liegen lassen – Tauschen 65

Alles eine Frage der Übung 66

Die eigene Psyche und die Fresslust des Hundes 66

Rasse und Individualität 67

Tauschen in der Praxis 69

Wenn Hunde knurren oder Zähne zeigen 71

Tauschen lernen bei Welpen 72

Auf der Straße üben 73

Service 75

Zum Weiterlesen 76

Nützliche Adressen 77

Register 78

Impressum 80

An der Leine durch die Stadt –
Leinenführung

Vor- und Nachteile der Leine

In vielen Städten ist das Anleinen in bestimmten Bereichen gesetzlich vorgeschrieben. Aber auch wenn Freilauf in der Stadt erlaubt ist, spricht vieles dafür, Hunde im Straßenverkehr anzuleinen. Das Führen an der Leine hat aber nicht nur Vorteile.

Sicherheit im Straßenverkehr

Im Straßenverkehr lauern viele Gefahren. Auch ein sehr gut erzogener Hund kann auf die Fahrbahn laufen und sich und andere Verkehrsteilnehmer dadurch gefährden. Verkehrsunfälle gehören zu den häufigsten Todesursachen bei Hunden. Deshalb rate ich dazu, Hunde lieber einmal zu viel als einmal zu wenig an der Leine zu führen.

Die Leine bietet dem Hund in der Stadt also ein hohes Maß an Schutz und trägt außerdem zur Unfallverhütung bei. Das Führen an der Leine ist allerdings auch mit Einschränkungen für den Hund verbunden.

Verständigung an der Leine

Angeleinte Hunde sind in ihrer Kommunikation sehr eingeschränkt. Sogenannte Calming Signals (Beschwichtigungssignale) können nur unzureichend gezeigt werden, z. B. ist das Bogenlaufen fast nicht möglich. Der Hund ist dabei stark auf das Verständnis des Leinenführenden angewiesen. Nur wenn der Mensch am anderen Ende der Leine adäquat reagiert, das heißt z. B. langsam läuft, ausweicht und die Leine locker lässt, hat der Hund die Möglichkeit, sich verständlich zu machen. Sich anbahnende Konflikte zwischen Hunden werden häufig mit Rennspielen aufgelöst. Das ist an der Leine nicht möglich. Oder Hunde gehen dem vermeintlichen Gegner groß-

Trockenübung

In meiner Hundeschule führen sich die Teilnehmer als Übung gegenseitig angeleint am Handgelenk. Spätestens dann wird den meisten deutlich, wie unangenehm bis schmerzhaft diese Art der Führung sein kann. Probieren Sie es aus.

räumig aus dem Weg, auch das ist angeleint nur bedingt machbar. Dieser Umstand führt zu Missverständnissen in
der Kommunikation und auf die Dauer
häufig zu Verhaltensauffälligkeiten.
Leinenaggressionen entstehen.

Gesundheitliche Probleme durch die Leinenführung

In Anders Hallgrens Buch „Rückenprob-
leme beim Hund" wird eine Studie ge-
nannt, in der ein Zusammenhang zwischen Schäden an der Halswirbelsäule
und der Anwendung des Leinenrucks
beschrieben wurde. 91 Prozent aller
Hunde mit Halswirbelschädigungen
waren mithilfe des Leinenrucks ausge-
bildet worden bzw. notorische „Leinen-
zieher".

Besonders schädlich ist die Halsbandführung eines ziehenden Hundes. Denn
es ist egal, wer zieht – ob Mensch oder
Hund. Durch die Einwirkung auf diesen
sensiblen Bereich des Körpers entsteht
ein Druck auf die Luftröhre, auch der
Kehlkopf kann leiden.

Hunde sollten sich besser ohne Leine begegnen dürfen. An der Straße kann auch einmal ein Bogen gelaufen werden.

Wenn Hunde an der Leine ziehen

Warum ziehen Hunde an der Leine? Diese Frage ist ganz einfach zu beantworten: Weil wir zu langsam sind! Mit seinen vier Beinen ist der Hund fast immer schneller. Entweder er ist jung und möchte die Welt kennenlernen oder er möchte ein Ziel erreichen oder vor etwas fliehen. Wer einem Kleinkind beim Laufen lernen behilflich war, kann nachfühlen, wie es unseren Hunden ergeht.

Gespannte Leine = Anspannung im Körper

Durch die Anspannung der Leine entsteht Spannung in beiden Körpern, dem menschlichen wie dem Hundekörper. Eine Freundin, die ebenfalls Tellington TTeam Practitioner ist, bekommt häufig Kunden durch ihren Mann empfohlen.

Er ist Orthopäde und die Patienten kommen zu ihm, weil sie Probleme mit dem linken Arm haben. Die Frage, ob sie einen Hund haben, der an der Leine zieht, bejahen diese Patienten sehr häufig. Somit behandelt er die Symptome der Erkrankung, während meine Freundin die Ursache angeht.

Die körperliche Spannung führt auch zu emotionalen Veränderungen. Manche Hunde und Menschen werden schlecht gelaunt bis aggressiv. Außerdem verstärken sich gesundheitliche Probleme. Denn die Spannung zieht durch den gesamten Körper und in welchem Bereich sie sich manifestiert, ist individuell verschieden. Besonders Gelenkerkrankungen, wie z.B. Hüftgelenksdysplasie werden durch das Ziehen an der Leine verschlimmert.

Chemsis Anspannung im Körper ist hier gut zu sehen. Auf Dauer kann das gesundheitliche Schäden nach sich ziehen.

Unterwegs an der Leine

Hunde sind in der Stadt also häufig an der Leine. Trotzdem müssen auch Stadthunde ihre natürlichen Bedürfnisse ausleben können. Welche Aufgaben im Hundeleben ergeben sich durch die Leine und wie können Sie damit umgehen?

Aufgaben, die sich ergeben
Die Gehirnentwicklung braucht Bewegung

Junge Hunde sind wie kleine Kinder. Sie wollen und müssen ihre Welt erforschen. Die meisten Hundekinder sind dabei sehr neugierig. Inzwischen ist erwiesen, wie wichtig Bewegung für eine gesunde Entwicklung ist. Besonders im Spiel mit den Gleichaltrigen bilden sich im Gehirn Verbindungen zwischen den Nervenzellen. Das Gehirn ist neuroplastisch. Der Begriff Neuroplastizität beschreibt die Fähigkeit, dass sich das Gehirn kontinuierlich an die Umgebungsvariablen anpasst. Diese Anpassung im Gehirn geschieht, indem neue Nervenzellen entstehen oder sich neue Verbindungen zwischen den Nervenzellen bilden. Die Schaltstellen zwischen Nervenzellen, die sogenannten Synapsen, ändern sich benutzungsabhängig.

Je mehr der junge Hund unternimmt, desto mehr „Verschaltungen" bilden sich und desto mehr wird sich sein Gehirn entwickeln. Das heißt, der junge Hund soll sich bewegen. Daher ist es ratsam viele Situationen zu schaffen, in denen er ohne Leine laufen darf.

Anleinen mit Belohnung

„An der lockeren Leine zu laufen" wäre am leichtesten zu erlernen, wenn der Hund außerhalb der Übungseinheiten ohne Leine laufen dürfte. Doch das Leben in der Stadt macht dies unmöglich. In Berlin gilt sogar eine gesetzliche Anleinpflicht im Treppenhaus sowie auf Zufahrtswegen zu Mehrfamilienhäusern. Morgens, noch voller Tatendrang, an der Leine hinausgeführt zu werden, empfinden viele Hunde als extreme Einschränkung und wollen daher manchmal gar nicht mehr an die Leine.

Hunde können unangeleint leichter eventuellen Konflikten ausweichen.

Mit ein paar Leckerchen oder Clicker-training (siehe S. 14) kann man das verhindern: Man bestätigt den Hund dabei mit dem Clicker, wenn er sich ruhig an- oder ableinen lässt. Als Belohnung sollten nach dem Click besondere Leckereien, wie z. B. Leberwurst folgen.

Das Team mit der führenden Person

Hunde sind in ihren Bedürfnissen auf die Person am anderen Ende der Leine komplett angewiesen. Sie begeben sich in eine völlige Abhängigkeit von ihrem Menschen. Manchmal werde ich gefragt, was unternommen werden kann, damit der Hund nicht mehr vor seinem Menschen die Seiten wechselt. Es ist anstrengend für uns, wenn ein Hund zuerst auf der einen Seite des Bordsteins schnüffelt, um dann gleich wieder auf die andere Seite zu wechseln, weil dort ein anderer interessanter Duft lockt. Doch das ist absolut normal. Zum Glück ist die Welt abwechslungsreich. Wenn wir unsere Sinne offen halten, dann sehen, hören

und riechen wir schließlich nicht alles nur von einer Seite. Es spricht für die gesunde Neugier des Hundes, wenn er alles anschauen und beschnüffeln möchte.

Sobald die Leine als Verbindung zwischen den beiden ungleichen Partnern Mensch und Hund angelegt wird, sollte diese Handlung einen Symbolcharakter erhalten. Es bedeutet, dass beide Partner lernen, aufeinander zu achten und Einfühlungsvermögen für den anderen zu entwickeln. Daher sollte der Hund durchaus auf beiden Seiten die Welt erkunden dürfen. Wenn der Hund erwachsener wird, lässt manchmal die Neugierde nach, und der jugendliche Tatendrang nimmt häufig spürbar ab. Dann fällt es dem Hund zunehmend leichter, auf einer Seite zu laufen.

Hundebegegnungen

Eine Methode, um sich in seinen Hund hineinzufühlen, ist das Erkennen von bedeutenden Situationen. Was stuft

Auch im Freilauf sollten Hunde stets beobachtet werden, um Konflikten vorzubeugen.

mein Hund als wichtig ein. Was empfindet er als unwichtig oder sogar als bedrohlich und beängstigend.

Meistens sind andere Hunde extrem spannend. Für viele Hunde ist die Begegnung mit anderen Hunden, besonders im Welpen- und Junghundealter, das Wichtigste in diesem Lebensabschnitt. Daher sollten Hunde sofort nach der Trennung von den Geschwistern eine Welpengruppe besuchen. Das Spiel mit gleichaltrigen Artgenossen ist förderlich für die gesamte Entwicklung des Hundebabys.

Unternehmungen mit erwachsenen Hunden können das Spiel mit gleichaltrigen keinesfalls ersetzen. Denn erwachsene Hunde sind lange nicht so aktiv wie Welpen und Junghunde. Außerdem sind sie meist zu nachgiebig oder zu streng. Nur Gleichaltrige zeigen deutlich, was sie nicht wollen und sind trotzdem sofort wieder zum Spielen aufgelegt. Diese Spiele sollten ohne Leine stattfinden.

Hunde begrüßen an der Leine

In Straßennähe sind Hunde meist angeleint. Es ist am besten, wenn bei Hundebegegnungen entweder beide frei oder beide angeleint sind. Ist der entgegenkommende Hund angeleint, so leine ich meinen ebenfalls an. Das ist fair und schafft für die beteiligten Personen Sicherheit. Ich respektiere die Gefühle des mir entgegenkommenden Mensch-Hund-Teams. Vielleicht ist der Hund oder der Mensch ängstlich. Oder die Begegnung ist auf andere Weise für einen von beiden oder beide schwierig. Es hilft mir zudem meine Nerven zu schonen, wenn ich einer unnötigen Konfrontation aus dem Weg gehe. Ist der Hund nur wegen der Straßennähe an der Leine und ich möchte meinem Hund den Kontakt ermöglichen, dann achte ich auf eine lockere Leine und frage vorher den anderen Hundehalter, ob eine Begegnung auch in seinem Interesse ist. In diesem Moment hat die Begegnung der beiden Hunde meine volle

Aufmerksamkeit. Selbst wenn ich mich mit der Person unterhalte, so bin ich doch immer mit meiner Aufmerksamkeit bei der Hundebegegnung.

Angeleint spielen – ja oder nein?

Hilfreich ist es, wenn man mit Motivationsmitteln wie Leckerchen oder Quietscher ausgerüstet ist. Dann kann dem Hund die Begrüßung an lockerer Leine ermöglicht werden, um ihn danach zum Weitergehen zu motivieren.

Spielen an der Leine ist selten vorteilhaft. Der Bewegungsraum ist für ein Spiel zu sehr eingeschränkt. Es sei denn, die Hunde machen Liegespiele und die Halter achten sehr genau auf die Leinen. Grundsätzlich ist es von Vorteil, wenn der Hund lernt, an anderen Hunden vorbeizugehen oder sie kurz zu begrüßen und dann weiterzulaufen. Wie ich bereits beschrieben habe, kommt es häufig zu Leinenaggressionen. Das muss nicht sein, wenn man seinem Welpen

Hundebegegnungen an der Leine üben

Viele Hunde ziehen, um zu anderen Hunden zu kommen. Sieht Ihr Hund einen Kumpel und stemmt sich in die Leine, um dorthin zu kommen, haben Sie zwei Möglichkeiten:
1. Sie können Ihren Hund zu dem anderen hinlassen.
2. Sie laufen einen Bogen.

Meistens ist es am Anfang einfacher, wenn Sie in einem Bogen an dem anderen Hund vorbeilaufen. Bleibt Ihr Hund ruhig stehen, ohne zu dem anderen Hund zu ziehen, können Sie clicken und belohnen. Häufig ist dazu ein großer Abstand nötig. Dieser wird dann schrittweise verkleinert.

So gelingt die Übung

Mit einem befreundeten Hund üben
Üben Sie zuerst mit einem bekannten, ruhigen Hund, der Ihren nicht unter Spannung setzt.
Kopfhalfter verwenden
Reagiert Ihr Hund stark auf andere Hunde, dann ist eine Kopfhalfterführung zu empfehlen. Ihr Hund wird durch abwechselnd gegebene Signale am Kopfhalfter und Geschirr in seine Balance gebracht (siehe S. 32).
Auf die Kopfhaltung achten
Das Leckerchen auf den Boden zu werfen, ist auch von Vorteil, da der Hund den Kopf tief hält. Wenn der Kopf tief ist, wirkt der Hund nicht bedrohlich

auf den anderen. Zudem ist Schnüffeln auch ein Beschwichtigungsverhalten, was wiederum zur Entspannung der Situation beiträgt.
Richtig begrüßen lassen
Achten Sie bei der Begegnung der Hunde darauf, dass sie sich im hinteren Körperdrittel beriechen können.
Übungshilfen für den Anfang
Wenn Sie Ihren Hund Hindernisse überqueren oder über Stangen laufen lassen, ist er meist so abgelenkt, dass er gar nicht mehr auf den anderen Hund reagiert. Diese Hilfen müssen jedoch wieder abgebaut werden.

vom ersten Tag an beibringt, wie schön es ist, seinem Menschen zu folgen. Die Voraussetzung dafür ist, den eigenen Hund gut zu kennen. Man muss wissen, was er noch mehr liebt als andere Hunde. Es ist ein Lernprozess. Besonders im Welpenalter gilt es, an der Bindung zwischen Mensch und Halter zu arbeiten. Arbeiten bedeutet, jeden Tag zu üben und Zeit zu investieren.

Nana begrüßt ihre Schwester Rani. Die Begrüßung kann als Belohnung genutzt werden.

Eva zeigt Spot den Ball, um ihn abzulenken.

Zur Intensivierung der Bindung können z. B. Tellington TTouches sehr gut beitragen.

Menschen begrüßen

Das Belecken der Mundwinkel anderer Hunde gehört zum normalen Verhaltensrepertoire eines Hundes. Besonders Welpen und Junghunde zeigen dieses Verhalten, wenn sie Menschen begrüßen. Bei der Begrüßung springen sie z. B. an stehenden Menschen hoch, weil sie in Gesichtsnähe möchten. Außerdem ziehen sie an der Leine, um zu anderen Menschen zu kommen.

Diese Art der Begrüßung ist herzlich und sollte ebenfalls nur herzlich erwidert werden. Doch ist es ratsam, den Hunden zu zeigen, dass sie auch begrüßt werden, wenn sie auf allen vier Pfoten bleiben.

Clickertraining macht Spaß

Clickertraining ist sehr viel mehr als eine Trainings-
methode. Es lehrt uns, das gewollte Verhalten in
den Fokus der Betrachtung zu stellen. „Die Energie
folgt der Aufmerksamkeit" (alte hawaianische
Lebensphilosophie), wir denken in eine bestimmte
Richtung und schon folgt unser Körper unbewusst
der gedachten Richtung. Der Fachbegriff hierfür
lautet ideomotorische Bewegung.

Unsere Hunde achten sehr stark auf unsere Körpersprache. Daher wissen sie bereits, dass wir ihnen
etwas verleiden oder wegnehmen wollen, wenn
wir dies nur denken. Genauso erkennen sie unsere
Freude. Unsere Hunde lernen automatisch zu tun,
was wir wollen, wenn wir uns verstärkt darauf
konzentrieren.

Clickertraining ist einfach und macht Spaß. Es för-
dert das Verstehen und somit das Verständnis für
unsere Hunde. Clickertraining ist Kommunikation,
ich sage meinem Hund: „JA, das ist das Verhalten,
das für dich lohnenswert und für mich angenehm
ist!"

So gehen Sie vor

- Beginnen Sie das Training mit Ihrem Hund an
  einem bekannten, ruhigen, möglichst ablen-
  kungsfreien Ort. Kann sich Ihr Hund nur kurz
  konzentrieren, leinen Sie ihn einfach an einem
  unbeweglichen Gegenstand an.
- Den Clicker halten Sie in der Hand und viele,
  erbsengroße Leckerchen liegen griffbereit.
  Werfen Sie eine Handvoll Leckerchen (ca. 10 bis
  20 Stück) auf den Boden.
- Dann clicken Sie jedes Mal, wenn Ihr Hund eines
  aufnimmt.
- Das machen Sie so lange, bis er alle Leckerchen
  gefressen hat.

Nun werde ich häufig gefragt: „Hat er jetzt schon
den Clicker begriffen?" Stellen Sie sich vor, jemand
hätte Ihnen zehn 100 Euro Scheine hingeworfen
und vor dem Aufheben jedes Scheines hätten Sie
einen Click erhalten! Ich denke, damit wird klar,
dass Ihr Hund es begriffen hat.

Nun merken Sie sich zwei Leitsätze:
1. Nach jedem Click erhält der Hund eine Belohnung.
2. Es wird während des gewünschten Verhaltens
   geclickt .

Dann legen Sie los und haben Spaß. Es gibt natürlich noch weiterführende Seminare und Literatur
zum Clickertraining.

Glauben Sie an Ihren Hund!

Das folgende Experiment erscheint mir noch
wichtig in diesem Zusammenhang: Ein Forscher
gab seinen Studenten Ratten, die diese durch
Labyrinthe laufen lassen sollten. Vorher hatte er
den Studenten gesagt, dass es sich dabei um eine
Gruppe besonders schlauer und um eine Gruppe
besonders dummer Ratten handle. Jeder Student
wusste genau, was für eine Ratte er hatte. Die
schlauen Ratten schnitten durchweg intelligenter
ab, als die dummen. Doch in Wirklichkeit waren die
Ratten ganz zufällig ausgewählt.

Wenn Sie sich überlegen, was für einen Einfluss
der Mensch auf eine ihm absolut fremde Ratte hat,
dann können Sie sich vorstellen, wie wichtig Ihr
Vertrauen in die Leistung Ihres Hundes
ist! Sie leben 24 Stunden mit ihm und
zumeist sind Sie sein Lebensmittelpunkt.
Bitte glauben Sie an sich und an ihn!

Schön ist es, wenn der begrüßte Mensch in die Hocke geht – falls das möglich ist. Außerdem kann der Halter clicken, wenn der Hund noch am Boden ist. Die Belohnung, die dem Click folgt, kann dann ebenfalls die Begrüßung sein. Es sei denn, der Hund dreht sich nach dem Click um und möchte etwas Wichtigeres, wie z. B. ein Leckerchen.

Autos, Fahrräder, Jogger

Hunde sind Beutegreifer und interessieren sich für bewegende Objekte. Das gehört zu ihren angeborenen Verhaltensweisen. Bewegungsreize lösen einen inneren Mechanismus aus, der das Bedürfnis weckt, das Objekt zu verfolgen oder sogar zu fangen. Hierbei gibt es allerdings riesige Unterschiede zwischen den einzelnen Rassen.

Ich bin immer froh, wenn sich Menschen vor der Anschaffung ihres Vierbeiners auch für das Verhalten und das Wesen ihrer Wunschrasse interessieren. Dann können sie eine Rasse wählen, die einen weniger stark ausgeprägten Jagdinstinkt hat. Für das Stadtleben ist dies sehr vorteilhaft; denn Autos, Fahrräder und Jogger bewegen sich schnell. Besonders interessant für Hunde sind außerdem häufig Inlineskater oder Skateboardfahrer, die dazu noch ungewohnte Geräusche machen. Es ist normal, wenn

Stephi begrüßt Helge in der Hocke, um ihm das Untenbleiben zu erleichtern.

der Beutegreifer Hund solchen Objekten folgen will.

Wenn Hunde Jogger jagen

In diesem Fall ist eine konsequente Leinenführung nötig, um den Hund steuern zu können. Außerdem sollte dem Hund z. B. durch Clickertraining geholfen werden, andere Verhaltensweisen kennenzulernen. Um das zu erreichen, kann beispielsweise geclickt werden, wenn der Hund ruhig wartet und das Ziel seiner Begierde vorbeiziehen lässt. Dabei müssen die Grundregeln des Clickertrainings eingehalten werden. Nach jedem Click gibt es eine Belohnung. Außerdem wird geclickt, während der Hund das erwünschte Verhalten zeigt (siehe Kasten links).

Denkmäler und andere „Gespenster"

Besonders in ihrer Pubertät durchleben viele Hunde sogenannte Spukphasen. Sie erleben plötzlich Dinge als erschreckend, an denen sie vorher neutral vorbeigegangen sind. Woher kommt das?

Ursachen und wie man sich richtig verhält

Das Gehirn strukturiert sich in dieser Zeit komplett neu. Wir sollten dann also besonders geduldig und verständnisvoll sein. Tatsächlich fällt es jungen Hunden während der Pubertät schwer, Dinge richtig einzuordnen. Bereits Gelerntes ist häufig nicht abrufbar. Nun müssen wir dem Hund wieder mehr helfen. Ich nenne es gern „zurück in den Kindergarten". Bei Übungen, die der Hund bereits einwandfrei beherrscht, ist es nun wieder nötig, mit Leckerchen zu helfen und ihm den Ablauf aufs Neue zu erklären. Allerdings kann ich aus Erfahrung sagen, dass die bereits gemachten Lernergebnisse noch vorhanden sind und nach einigen Hilfen und etwas Zeit wieder abgerufen werden können. Trotzdem bedeutet es, den Hund wieder mehr an die Leine zu nehmen. Schon ein Müllsack, der an den Straßenrand gestellt wurde, kann dazu führen, dass der Hund panikartig flieht oder zumindest einen großen Bogen macht.

Wann beginnt die Pubertät?

Der Pubertätsbeginn ist abhängig von Größe und Rasse. Die Pubertät beginnt bei kleineren Hunden schon mit vier oder fünf Monaten und bei größeren meist mit sieben oder acht Monaten. In dieser Zeit werden die Hunde selbstständiger, ihr Radius nimmt zu.

Mit vielen Leckerchen ließ sich Shoucran von der Ungefährlichkeit des „Monsters" überzeugen.

Hilfsmittel und Führtraining

Es gibt viele Hilfsmittel, die das Leben für Hund und Mensch leichter machen. Was ist besser – Brustgeschirr oder Halsband? Hier erfahren Sie, wie Sie Ihren Hund mit der passenden Ausrüstung richtig führen lernen.

Ausziehleinen

Die Ausziehleine ist eine wunderbare Hilfe, um einem Hund einen etwas größeren Bewegungsspielraum einzuräumen. Wie ich es bereits erläutert habe (siehe S. 8), sind wir zu langsam, um mit einem jungen Hund mitzuhalten. Welpen ziehen fast automatisch an der Leine. In den Zeiten, in denen man mit dem Hund übt, an der lockeren Leine zu gehen, sind Führhilfen nötig. Doch führt man seinen Hund an der Leine, ohne mit ihm zu üben, also zwischen den eigentlichen Lehrphasen, ist die Ausziehleine bestens geeignet.

Es gibt verschiedene Modelle mit unterschiedlicher Handhabung. Allen gemein ist, dass der Hund den gesamten Spielraum der Leine nutzen kann. Die Leine rollt sich immer wieder ein, wenn die Distanz verkürzt wird. Zieht der Hund, wird sie auf maximale Länge ausgerollt.

Tonja geht mit Bogy, Easy und Loony an der Rollleine. Sie ist manchmal die beste Führmöglichkeit.

Falls dem Hund ein kürzerer Leinenspielraum gegeben werden soll, haben diese Leinen einen Feststellmodus. Dieser eignet sich besonders, wenn gerade nicht auf den Hund geschaut wird.

Denn je mehr Spielraum der Hund zur Verfügung hat, umso stärker fällt der Ruck aus, sollte der Hund sich schnell entfernen und die Leine ihr Ende erreichen.

Da diese Leine im Ausrollmodus ständig leicht gespannt ist, gewöhnt sich der Hund an einen leichten Zug. Doch dieser Nachteil ist vernachlässigbar, da es meiner Meinung nach bisher keine praktischere Führung eines jungen ziehenden Hundes in Straßennähe gibt.

Außerdem kann jedes Hilfsmittel immer nur so gut sein wie derjenige, der es anwendet.

Halsband oder Brustgeschirr?

Der Hals ist ein besonders empfindlicher Körperbereich. Wird am Halsband gezogen, entsteht Druck auf die Luftröhre und die Wirbelsäule. Dabei ist es egal, ob der Hund oder der Halter zieht. Das Ziehen oder „Gerucktwerden" am Halsband nimmt dem Hund die Luft, bringt ihn aus seiner Balance, ist manchmal von Schmerz begleitet und kann zu Atemwegserkrankungen oder Wirbelsäulenverletzungen führen. Der ständige Druck auf den Kehlkopf kann zu einer Quetschung, Deformation oder Begünstigung von vorhandenen Erkrankungen wie Husten führen. Als Symptom ist manchmal ein Röcheln wahrzunehmen.

Das Brustgeschirr ist aus gesundheitlicher Sicht für einen ziehenden Hund besser als ein Halsband. Dies ist ein Step-In-Geschirr.

Von besonderer Bedeutung ist dies bei kurzschnäuzigen Rassen und bei Rassen, die zu Kehlkopfkrämpfen neigen, wie Yorkies und Chihuahuas.

Daher rate ich, bei ziehenden Hunden ein Brustgeschirr zu verwenden. Mithilfe eines Brustgeschirrs kann beim ziehenden Hund zumindest die Einwirkung auf den Hals vermieden werden.

Brustgeschirr ist nicht gleich Brustgeschirr

Es gibt inzwischen sehr viele Arten von Brustgeschirren. Außerdem trägt zur Verwirrung bei, dass verschiedene Hersteller ähnlichen Modellen unterschied-

Das H-Geschirr sitzt fast zu knapp unter den Achseln. Das Brustgeschirr soll dem Hund so gut angepasst werden wie dem Pferd ein Sattel.

liche Namen gegeben haben. Ich will mich hier auf ein paar Details beschränken. Der Anlegepunkt der Leine sollte möglichst über dem Widerrist (also dem Punkt zwischen den Schulterblättern) liegen. Ist der Anlegepunkt zu weit hinter dem Widerrist, kann es den Hund zum Ziehen verleiten. Dann ist es schwierig, den Hund in seine Balance zu bringen. Grundsätzlich sollte versucht werden, den Körperschwerpunkt des Hundes auf seine Hinterhand zu verlagern. Denn zieht ein Hund an der Leine, ist der Schwerpunkt auf der Vorderhand. Der Hinterhand kann auch durch ein

Tellington-Körperband zu mehr Bewusstsein verholfen werden, um dann den Schwerpunkt zu verlagern. Es ist ähnlich wie beim Pferd (siehe Kasten S. 20). Ein Hund, der in seiner Balance ist, hat es leichter, an lockerer Leine mitzugehen. Hat das Brustgeschirr mehrere Befestigungsringe, ist eine variable Führung möglich.

Das beste Brustgeschirr für meinen Hund

Das Brustgeschirr sollte dem Körper des Hundes angepasst sein. Ist das Brustgeschirr zu eng, kann es speziell beim wachsenden Hund zu Beeinträchtigungen der Gelenke führen. Das Material sollte weich und anschmiegsam sein. Am besten auch waschbar, falls sich der Hund einmal in etwas Überriechendem wälzt.

Das beste Geschirr für den individuellen Hund sollte drei Hauptkriterien erfüllen:
1. Es muss so passen, dass alle Gelenke frei beweglich sind.
2. Der Hund soll sich damit wohlfühlen.
3. Das Geschirr muss den vorgesehenen Zweck erfüllen. Ist das Geschirr dafür gedacht, den Hund vor einen Schlitten zu spannen, muss es zum Ziehen geeignet sein. Soll der Hund an der lockeren Leine mitlaufen, muss es dem Führenden die Möglichkeit geben, seinen Hund in die Balance zu bringen.

Exkurs
Die Schwerpunktverschiebung im Pferdekörper

Der Körperschwerpunkt des Pferdes befindet sich in der Mitte des Rumpfes etwas hinter der Schulter. Oder – anatomisch ausgedrückt auf der 9. Rippe – auf der Höhe des Buggelenkes. Das Pferd trägt also von Natur aus mehr Gewicht auf den Vorderbeinen als auf den Hinterbeinen. Als Fluchttier hängt seine Schnelligkeit direkt mit seiner Fähigkeit zum Überleben zusammen. Während der Flucht verlagert das Pferd seinen Körperschwerpunkt noch weiter nach vorn, um die Hinterbeine für den maximalen Schub freizuhaben. Im Falle der Verteidigung verlagert es seinen Körperschwerpunkt weiter nach hinten, in dieser Position kann es seine Vorderbeine mit Leichtigkeit anheben und seine Vorderhufe zur Verteidigung einsetzen.

Die Verlagerung des Körperschwerpunktes ist also direkt mit den Emotionen des Pferdes gekoppelt. Ist es ängstlich und fluchtbereit, verlagert es den Schwerpunkt nach vorn in die Fluchtposition. Fühlt es sich mutig oder in die Ecke getrieben verlagert es den Schwerpunkt nach hinten in eine Verteidigungsposition. (Quelle: Stephanie Hornung)

Testen Sie: Passt das Geschirr?

Anhand der genannten Kriterien überprüfen Sie das Geschirr.

1. Sind die Gelenke frei? Läuft der Hund, sollte das Geschirr die volle Bewegungsfreiheit der Schultern und Ellbogen zulassen. Das erste Kriterium ist also durch genaues Hinsehen zu bewerten.

An Eves Körperhaltung und ihrem Gesichtsausdruck wird die Abneigung gegen das obere Geschirr sichtbar. Das untere Geschirr passt ihr wie angegossen.

2. Fühlt sich der Hund wohl? Das zweite Kriterium ist an der Reaktion des Hundes zu erkennen. Wird das Geschirr in die Hand genommen und der Hund kommt auf einen zu, dann freut er sich wahrscheinlich. Läuft er dagegen in das erstbeste Versteck, das er finden kann, kann es mehrere Gründe dafür geben. Entweder er fühlt sich mit dem Brustgeschirr, mit der Art des Anziehens oder mit der Führweise am Brustgeschirr unwohl. Vielleicht möchte er ungern raus. Ob es an dem Geschirr liegt, kann man herausfinden, indem man den Hund am Halsband angeleint herausführt. Findet er die Halsbandführung toll, liegt es wohl am Brustgeschirr. Ein anderes Brustgeschirr oder das bessere Anpassen des vorhandenen Geschirrs kann vielleicht Abhilfe schaffen.

3. Ist der Hund in seiner Balance? Ob das Geschirr eine gute Möglichkeit darstellt, dem Hund in seine Balance zu helfen, ist manchmal etwas schwierig zu beurteilen. Von Vorteil sind zu diesem Zweck mehrere Anlegepunkte am Geschirr. Es bestehen dann mehr Möglichkeiten unterschiedlicher Führweisen. Mit Anlegepunkten sind alle Ringe oder D-Ringe gemeint, die sich am Geschirr befinden. Wird der Hund „über seine Füße" gestellt, sodass die Hinterbeine hüftweit auseinanderstehen, dann ist das ein

Tamika fühlt sich wohl mit diesem Geschirr. Doch die Bewegungsfreiheit der Schulter ist recht eingeschränkt. Auf Dauer kann das zu gesundheitlichen Schäden führen.

guter Anfang in Richtung seiner Balance. Eine Doppelkontaktführung ist hierfür immer hilfreich.

Doppelkontaktführweisen

Oftmals findet sich der Ausdruck Zweipunktführung, doch da bei der von mir beschriebenen Führung nicht nur punktuell Kontakt aufgenommen wird, werde ich in diesem Buch durchweg von Doppelkontaktführung sprechen. Der Vorteil von Doppelkontaktführweisen ist die Signalgebung über Fühlsignale an mehreren Körperstellen.

Die Doppelkontaktführung stammt aus der Tellington-TTouch-Methode. Die Tellington-TTouch-Methode arbeitet viel über Körperbewusstsein und lässt den Hund durch neu aufgezeigte Möglichkeiten eigene Erfahrungen sammeln.

Mit zwei Signalen führen

Durch die Führung des Hundes an zwei Kontaktstellen besteht die Möglichkeit, ein Fühlsignal an einer Körperstelle zum Losgehen und eines an einer anderen Körperstelle zum Anhalten zu geben. Bereits dieser Umstand ist für viele Hunde komplett neu und ungewohnt. Auch für viele Halter ist es eine ganz neue Erfahrung. Bei ziehenden Hunden liegt die Konzentration des Führenden häufig ausschließlich beim Anhalten. Nun besteht die Leinenführung aus dem Anhalten und dem bewussten Losgehen. Ich erlebe viele Hunde, die durch ständiges Stehenbleiben gelernt haben anzu-

Zielvorstellung und Führhilfen

Zielvorstellung bei allen Führweisen ist, dass der Hund an der lockeren Leine auf Ihrer Höhe mitläuft.

Es gibt verschiedene Hilfsmittel aus der Tellington-Arbeit, die beim Führen hilfreich sein können. Welche Hilfe für den individuellen Hund die richtige ist, muss ausprobiert werden. Alle beschriebenen Führhilfen sind auch aus gesundheitlicher Sicht empfehlenswert, da jeglicher Zug und Gegenzug beim Menschen und beim Hund zu Gesundheitsproblemen führen kann, besonders wenn der Hund am Halsband geführt wird. Loben Sie Ihren Hund beim Führen. Sie können dabei den Clicker verwenden (Leinenführigkeit mit dem Clicker S. 36)

Alle Lernhilfen, auch der Clicker, können wieder abgebaut werden, sobald der Hund gelernt hat, an lockerer Leine mitzulaufen.

Mit der Balanceleine hat Eva mehr Möglichkeiten die erst neun Wochen alte Arwen zu lenken.

halten, allerdings keine Ahnung vom langsamen Losgehen bekommen haben. Außerdem nutzt die Doppelkontaktführweise ganz bestimmte Körperstellen, wie z. B. den Punkt vor dem Brustbein. Hier befindet sich ein Reflexpunkt, der dem Hund das Anhalten erleichtert. Darüber hinaus wird auf die Körperhaltung und die Balance von Hund und Mensch geachtet.

Die Balance des Führenden

Auch die Balance der führenden Person wirkt sich auf den Hund aus. In der Tellington-TTouch-Methode sprechen wir davon, dass der Führende gut geerdet sein sollte. Welche Synergieeffekte zwischen Individuen herrschen, ist erforscht worden. Ist einer der Partner zentriert, hat der andere Partner bessere Möglichkeiten in seine Mitte zu kommen. In meiner Hundeschule nennen wir das „Hunde führen aus der Körpermitte". Habe ich nur einen Anlegepunkt am Hund, dann kann ich seinem Zug lediglich mit Zug erwidern. Habe ich allerdings zwei Anlegepunkte am Hund, kann ich ihm durch alternierende (sich abwechselnde) Signale in seine Balance helfen.

Führen an zwei Anlegepunkten

1. Nehmen Sie den Zug an dem einen Anlegepunkt an. Lassen Sie am anderen Anlegepunkt die Leine locker.
2. Dann nehmen Sie den Zug am anderen Anlegepunkt an und lassen wiederum

Das Leinenende, das zum Kopfhalfter führt, hängt zu weit herab, um feine Signale geben zu können.

Das Signal sollte mehr gerichtet und nur ganz kurz sein.

Auf die Neutralhaltung achten

Bei der Leinenführung während des Übens achtet man auf die Neutralhaltung. Die Neutralhaltung der Leine beschreibt, wie locker die Leine ist. Sie soll entspannt sein. Allerdings nur so entspannt, dass man sie mit einer Bewegung aus dem Handgelenk wieder annehmen kann. Eine Eselsbrücke kann der herabhängende Karabiner sein. Hängt nur der Karabiner herab, dann ist es die Neutralhaltung. Die Leine ist entspannt, doch sie kann mit einer winzigen Aktion sofort wieder angenommen werden.

Bei der Leinenhaltung weisen die Daumen jeweils zum Hund. Nur so kann feinmotorisch geführt werden. Der Mensch befindet sich dabei stets auf Schulterhöhe des Hundes. Lässt man sich weiter zurückfallen, ist es, als wollte ein Wasserskifahrer das ihn ziehende Boot lenken. Sobald der Führende zu weit hinten am Hund oder gar hinter dem Hund ist, kann keine wirkliche Führung mehr stattfinden.

Auch wenn man sich zu weit vor dem Hund befindet, ist kein Miteinander mehr möglich. In dieser Situation tritt man zum Hund zurück.

am ersten Punkt locker, bis der Hund über seinen Füßen angekommen ist.

3. Sobald es geht, lassen Sie beide Leinen locker, sodass der Hund neben Ihnen zum Stehen kommt.

Dieser Prozess ist gekennzeichnet durch ein ständiges Annehmen und Loslassen. Das Annehmen ist ein leichter Zug, kein Ruck. Setzt oder legt sich der Hund anstatt zu stehen, ist das völlig in Ordnung.

Allerdings verwenden wir an dieser Stelle keine Signalworte wie „Sitz", „Steh" oder „Platz". Der Hund darf seine Position selbstständig wählen. Er soll hierbei ein Bewusstsein für sich selbst bekommen und nicht ausführen, was ihm gesagt wird.

Führen an der Balanceleine

Die Balanceleine ist ein klassisches Hilfsmittel der Tellington-TTouch-Methode. Dabei wird der Hund vor der Brust und oben am Geschirr oder am Halsband

Bei der Balanceleine wird die Leine mit beiden Händen gegriffen.

geführt. Alle zuvor beschriebenen Kriterien der Doppelkontaktführung werden
hier ebenfalls angewendet.
Die Zielvorstellung ist, dass der Hund
an lockerer Leine neben seinem Halter
herläuft.

So gehen Sie vor

1. Befestigen Sie eine mindestens zwei
Meter lange Leine ganz normal am
Brustgeschirr oder Halsband.
2. Befindet sich der Hund links von
Ihnen, dann greift Ihre linke Hand
die Leine kurz über dem eingehängten
Karabiner. Der Daumen zeigt dabei in
seiner Verlängerung zum eingehängten
Karabiner.
3. Die andere Hand hält das Leinenende.
Der Daumen weist entgegen dem Leinenende und liegt oben auf der Leine.
4. Das Leinenstück, das sich zwischen
den beiden Händen befindet, wird nun
von links nach rechts vor die Brust des
Hundes gelegt (siehe Fotos unten).
5. Hat der Hund ein Brustgeschirr mit
einem Mittelsteg zwischen den Vorderbeinen, fädeln Sie die Leine unter dem
Mittelsteg durch.

Gabi Maue steht gut in ihrer eigenen Balance, während sie Rani die Balanceleine anlegt.

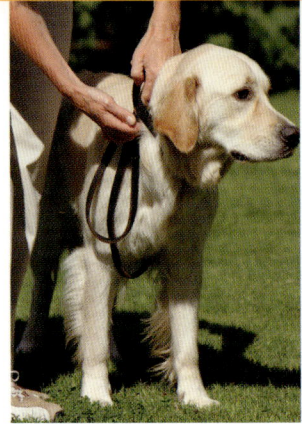

Balanceleine Plus heißt es, weil es die Balanceleine „plus ein Bein" beinhaltet.

6. Sind Sie auf Kopf- oder Schulterhöhe des Hundes, kürzen Sie die Leine nun so weit, dass die Neutralhaltung möglich wird.

7. Das Leinenstück vor der Hundebrust sollte in etwa in Höhe des Brustbeins anliegen.

8. Nun gehen Sie mit einem vorwärtsgerichteten Fühlsignal am oberen Anlegepunkt los. Den oberen Anlegepunkt nenne ich „Gaspedal". Dabei gehen Sie parallel neben dem Hund auf Kopf- oder Schulterhöhe.

9. Bleiben Sie selbst aufrecht und lassen die Arme locker nach unten hängen.

10. Sobald sich die Leine strafft, drehen Sie sich mit einer Viertelkörperdrehung zu Ihrem Hund und nehmen den Zug an dem Leinenteil vor der Brust an. Dabei kreuzt Ihre linke Hand Ihre eigene Körpermitte. Das Teil vor der Brust nenne ich „Bremse". Somit müsste für jeden Autofahrer klar sein, dass die „Bremse" nicht gleichzeitig mit dem „Gaspedal" angewandt werden sollte.

11. Bleibt der Hund stehen, lassen Sie die Leine wieder in die Neutralhaltung zurückkehren. Anderenfalls geben Sie so lange die alternierenden Signale „Gaspedal" und „Bremse", bis der Hund seine Balance gefunden hat. Diese Bewegung des Leinenteils vor der Brust kann als löffelnd beschrieben werden.

12. Nun geben Sie Ihrem Hund erneut das Zeichen zum Losgehen und drehen sich dabei parallel zu ihm, um weiterzugehen.

So gelingt die Übung

> Wird die Leine vor die Brust des Hundes gelegt, so befindet sich bei diesem Vorgang die linke Hand über dem Hund, besser gesagt sogar auf seiner linken Seite.

> Kleine Hunde treten gern über die Leine, daher ist das Fädeln durch den Mittelsteg bei ihnen besonders hilfreich, ansonsten sind hierbei die Balanceleine Plus oder die Super-Balanceleine hilfreich. Beide werden hinten beschrieben.

Gaby steht optimal auf Halshöhe.

> Geht der Hund rückwärts, gehen Sie mit ihm zusammen rückwärts.

> Stehen Sie zu weit vor dem Hund und er bleibt stehen, dann gehen Sie auf Schulterhöhe zurück und laden ihn zum erneuten Mitgehen ein.

> Befindet sich der Hund auf Ihrer rechten Seite, dann machen Sie alle Schritte mit der jeweilig anderen Hand.

> Jede Übung zur Leinenführung sollte von beiden Seiten trainiert und angewandt werden, um Haltungsschäden bei Mensch und Hund zu vermeiden.

Führen an der Balanceleine Plus

Besonders bei der Halsbandführung gestaltet sich die Balanceleinenführung für Anfänger gelegentlich etwas schwierig. Denn wenn die Leine nicht durch den Mittelsteg gefädelt wird, ducken sich viele Hunde unter der Leine hindurch oder entziehen sich durch Zurückbleiben.

Für kleine Hunde hat sich die Leinenlänge von 2,20 Meter bewährt.

So gehen Sie vor

1. Befindet Ihr Hund sich auf Ihrer linken Seite, greifen Sie die Leine in Neutralhaltung mit der linken Hand. Die gedachte Verlängerung des Daumens weist zum Halsband und zur Hundenase.

2. Das Ende der mindestens zwei Meter langen Leine befindet sich in ihrer rechten Hand.

3. Drehen Sie sich nun zu Ihrem Hund und fädeln das Ende der Leine hinter dem linken Vorderbein Ihres Hundes durch, sodass es zwischen den Vorderbeinen auf der rechten Halsseite des Hundes wieder herauskommt.

4. Nun fädeln Sie das Leinenende auf der rechten Halsseite durch das Halsband durch. Die Leine wird von unten nach oben durch das Halsband durchgefädelt.

5. Weiter verfahren Sie wie bei der Balanceleine ab Punkt 8.

Anne führt Tamika an der lockeren Leine.

Alina legt Tamika die Super-Balanceleine an.

So gelingt die Übung

> Die Balanceleine Plus ist nur ein Behelfswerkzeug, für den Fall, dass nur ein Halsband und kein Brustgeschirr vorhanden ist. Ein Brustgeschirr mit Mittelsteg ist als Hilfsmittel leichter und besser zu handhaben. Der Hund kann mit dieser Führweise auch rechts geführt werden, dann sind alle Einzelschritte genau spiegelverkehrt auszuführen.

Führen an der Super-Balanceleine

Diese Variation heißt „Super", weil sie sich eigentlich immer bewährt hat und sehr einfach in der Umsetzung ist. Allerdings benötigt man dazu ein Brustgeschirr mit einem Ring auf jeder Seite, sowie es z. B. beim Step-In-Geschirr der Fall ist. Außerdem benötigen Sie eine mindestens zwei Meter lange Verlängerungsleine mit zwei Karabinern.

Das Verschlussknöpfchen des Karabiners sollte vom Hund wegweisen.

Tamika fühlt sich sichtlich wohl mit der Super Balanceleine.

So gehen Sie vor

1. Nehmen Sie Ihren Hund auf Ihre linke Seite. Greifen Sie die am Step-In festgemachte Leine mit der linken Hand kurz über dem Karabiner.

2. Das Leinenende fädeln Sie von rechts nach links durch den Mittelsteg.

3. Nun hängen Sie den noch freien Karabiner auf der rechten Körperseite Ihres Hundes im Brustgeschirr ein.

4. Ab diesem Moment folgen Sie den Schritten wie unter Punkt 8 bei der Balanceleinenführung beschrieben.

So gelingt die Übung

Die Leine sollte beim Step-In-Geschirr immer an beiden D-Ringen befestigt sein, ansonsten kann das Geschirr kaputtgehen. Die D-Ringe befinden sich oben in der Mitte.

Leinen-Doppelter-Diamant

In Linda Tellington-Jones' Buch „Telling-ton Training für Hunde" beschreibt sie eine Leinenführung namens „Doppelter Diamant". Hierbei wird der Hund mittels eines Seils geführt. Dieses Seil wird in einer bestimmten Art geknüpft. In unserer Ausbildung zum Tellington-Practitioner haben wir viele Führtechniken auf diese Weise kennengelernt. Doch ich habe die Erfahrung gemacht, dass es vielen Hundehaltern zu aufwendig ist, das Seil zu knüpfen. Außerdem sieht es im Stadtbild ungewöhnlich aus, wenn der Hund an einem Seil anstatt an einer Leine geführt wird. Daher haben wir den Doppelten Diamanten etwas abgewandelt und benutzen dafür die Leine. Diese Art der Führung eignet sich hervorragend für „Helikopterhunde". Das sind z. B. kleine Terrier, die sich ständig um die eigene Achse drehen. Um diese Hunde koordiniert führen zu können, wird ihre Hinterhand gesteuert. Außerdem kann das „Unten bleiben" mittels dieser Führhilfe sehr gut trainiert werden. Mehr darüber können Sie in meinem Buch „Hunde erziehen mit dem Clicker" lesen.

So gehen Sie vor

1. Die zwei Meter lange Leine wird am Halsband oder Brustgeschirr befestigt.

2. Nun greift die vom Hund weiter entfernte Hand die Leine über dem Anlegepunkt.

3. Die dem Hund nähere Hand greift das Leinenende.

4. Das Leinenende wird nun unter dem Hund hindurch vor seinen Hinterbeinen herumgeführt.

5. Die dem Hund weiter entfernte Hand hält weiterhin die Leine direkt über dem Anlegepunkt.

6. Die andere Hand greift die Leine zweimal: einmal kurz nach der anderen Hand und gleichzeitig das Leinenende.

7. Nun wird das Leinenende so weit aufgekürzt, dass die Hände jeweils die Leine neutral halten können. Dabei hängen die Arme locker herab.

8. Durch diese Doppelkontaktführung ist es nun möglich, an einem Punkt das Losgehsignal zu etablieren und an der anderen Seite anzuhalten.

9. Möchte der Hund noch weiter gehen, geben Sie alternierende Zeichen, bis der Hund an der lockeren Leine in seiner Balance steht. Erst dann gehen Sie weiter.

So gelingt die Übung

> Wichtig! Bei Hunden mit Wirbelsäulenproblematiken oder Hüftgelenkdysplasie darf diese Führweise nur mit professioneller Unterstützung (siehe Seite 77) angewendet werden.

Der Leinen-Doppelte-Diamant kann dem Hund beim Untenbleiben helfen. Auch Helikopterhunde können damit geführt werden.

> Diese Führhilfe verleiht große Macht, d. h., sie sollte umso vorsichtiger angewendet werden.

> Wird der Hund beim Anlegen des Doppelten Diamanten besonders aufgeregt und versucht, ihn abzustreifen, kann das vielleicht auf ein Hüft- oder Wirbelsäulenleiden hindeuten. Bei so einem Verdacht sollte der Hund dringend einem Arzt vorgestellt werden.

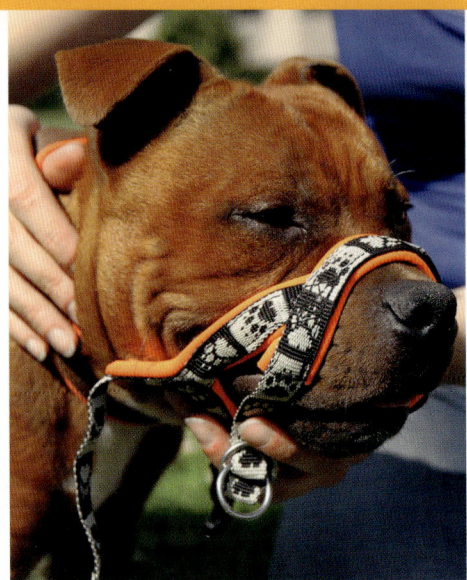

Kopfhalfterführung

Vieles, was ich bereits beschrieben habe, gilt auch für die Kopfhalfterführung. Vielen Hundehaltern ist der Begriff Halti geläufiger. Ich spreche aber ganz bewusst von einem Kopfhalfter. Es gibt etliche unterschiedliche Kopfhalfter-Marken und es führt zu weit, alle Vor- und Nachteile der verschiedenen Marken zu erläutern. Gemeinsam ist allen Kopf-

Bei Helge liegt das Kopfhalfter weit vorn. Für kurzschnäuzige Rassen gibt es spezielle Kopfhalfter mit Stirnriemen.

Inca zeigt Leinenagressionen. Hierbei ist das Kopfhalfter eine riesige Hilfe, um ihr eine Führung geben zu können.

halftern, dass der Hund am Kopf geführt wird und, im Gegensatz zum Maulkorb, den Fang komplett öffnen kann. Diese Art der Führung ist meiner Meinung nach die beste Führhilfe gegen zielgerichtetes Ziehen an der Leine. Ist bei einem Hund beispielsweise Leinenaggression bekannt, ist es hilfreich, den Kopf des Hundes steuern zu können, um die Möglichkeit zu haben, ihm andere Alternativen zu zeigen.

So gehen Sie vor

1. Bevor Sie dem Hund das Halfter überziehen, sehen Sie es sich genau an. Machen Sie sich mit dem Verschluss vertraut und wie es angezogen wird.
2. Nun stellen Sie sich neben den Hund, sodass Sie die gleiche Blickrichtung haben.

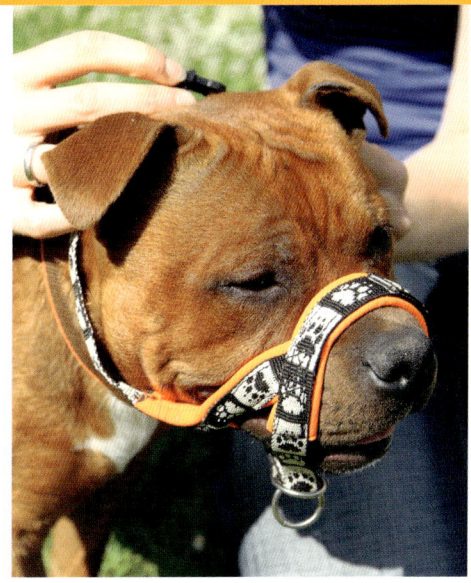

Beim Schließen sollte darauf geachtet werden, dass das Verschlussgeräusch möglichst leise ist. Schreckhafte Hunde kann es ansonsten ängstigen.

3. Halten Sie den Hund mit einer Hand am Halsband oder Brustgeschirr fest und streifen Sie ihm das Halfter über die Nase.
4. Nun greifen Sie die herunterhängende Lasche mit dem ersten Teil des Verschlusses und nehmen sie in die Hand, die bereits den Hund hält.
5. Jetzt nehmen Sie die andere Lasche. Beim Schließen des Verschlusses achten Sie darauf, dass Sie den Klickverschluss leise schließen. Dazu lässt man die Eindrückpunkte nur langsam zurückgleiten. Schließlich ist das Hundeohr direkt daneben, und damit ist das Geräusch des Klicks für manche Hunde unangenehm oder erschreckt sie.
6. Dann erhält der Hund ein Leckerchen, damit er merkt, dass er noch Kaufreiheit hat.

Anfangs wird das Kopfhalfter nur zum Essen und Spielen aufgesetzt.

7. Als Nächstes hängen Sie die Verlängerungsleine mit dem ersten Karabiner am Brustgeschirr oder Halsband ein.

8. Erst jetzt befestigen Sie locker den zweiten Karabiner der gleichen Leine an dem dafür vorgesehenen Ring unter dem Kinn des Hundes.

9. Nun führen Sie den Hund nur am ersten Befestigungspunkt etwas herum, um ihm das Gefühl zu vermitteln, wie es ist, wenn er ein Kopfhalfter trägt, an dem unten etwas hängt. Dabei achten Sie auf die lockere Leine am Kopfhalfter.

10. Danach führen Sie den Hund an beiden Anlegepunkten. Auch hier kann der Punkt am Halfter als „Bremse und Lenkrad" definiert werden und der Anlegepunkt am Brustgeschirr oder Halsband ist das „Gaspedal". Das Losgehfühlsignal geben Sie Ihrem Hund gleichmäßig nach vorn gerichtet am Halsband oder Brustgeschirr.

11. Zieht der Hund, geben Sie ihm ein kurzes gleichmäßiges zur Seite gerichtetes Signal am Kopfhalfter. Zieht er weiter, geben Sie alternierende Zeichen an beiden Anlegepunkten.

12. Bleibt der Hund stehen und kommt in seine Balance, dann loben Sie ihn und geben wieder ein Losgehsignal.

So gelingt die Übung

> **Richtig anpassen:** Ob ein Kopfhalfter passt, kann an vier Details erkannt werden. Dem Hund ist nach einer positiven Eingewöhnungszeit das Tragen des

Nur wenn beide Daumen zwischen Kiefer und Halfter passen, kann sich der Hund wohlfühlen.

Kopfhalfters egal oder zumindest fast egal. Trägt der Hund das Kopfhalfter, dann passen noch beide Daumen zwischen seinen Kiefer und das Kopfhalfter. Er kann das Kopfhalfter nicht abstreifen, oder zumindest nur mit großer Anstrengung. Außerdem lässt das Kopfhalfter die Sicht frei und liegt unterhalb der Augen auf.

> **Eingewöhnungsphase:** Die Eingewöhnung kann durchaus ein paar Tage in Anspruch nehmen. In dieser Zeit sollte dem Hund das Kopfhalfter im wahrsten Sinne des Wortes schmackhaft gemacht

Hier spannt das Halfter. Es sollte nach unten etwas weiter sein, damit der Hund auch gähnen kann.

werden. Ziehen Sie dem Hund das Kopfhalfter während dieser Zeit nur in für ihn angenehmen Situationen an, z. B. bevor er frisst oder Sie gemeinsam Ball spielen. Danach wird es wieder ausgezogen. Die Erwartungshaltung an das Kopfhalfter soll also durchaus positiv sein.

Beim ersten Anziehversuch kann eine zweite Person, die den Hund festhält, hilfreich sein.

> Kleine Karabiner verwenden: Der Karabiner der Verlängerungsleine, der am Kopfhalfter befestigt wird, sollte immer leicht und klein sein.

> Zu Hause üben: Die ersten Führversuche sollten im häuslichen Umfeld stattfinden. Es ist hilfreich, sich einen klaren Weg zu suchen, z. B. können Plastikflaschen zum Slalomlaufen dienen.

> Schrittweise vorgehen: Wiederholen Sie die einzelnen Schritte immer so lange, bis der Hund sie akzeptiert hat. Erst dann machen Sie mit dem nächsten Schritt weiter. Kopfhalfter haben durchaus, auch ohne eingehängte Leine, eine beruhigende Wirkung. Daher lassen wir manche Hunde absichtlich in der Gruppe mit Kopfhalfter spielen. Dies kann auch der Gewöhnung an das Kopfhalfter dienen.

Ich halte die Leinen bei Rani in der Neutralhaltung. Die zusätzliche Leinenschlaufe habe ich unter den kleinen Finger gesteckt.

Tellington-TTouch als praktische Lernhilfe

Häufig wende ich verschiedene Tellington-TTouches (spezielle Hautverschiebungen) an, um unter anderem die Konzentration der Hunde zu steigern. Der Tellington-TTouch ist eine Form der Körperarbeit und die Grundlagen sind für Laien leicht erlernbar. Es gibt verschiedene Tellington-TTouches, die meisten sind nach Tieren benannt. Vor und während des Leinenführtrainings verwende ich häufig „Noahs Marsch". Dabei streicht man den Hund den ganzen Körper entlang ab, und zwar mit voller Aufmerksamkeit und in Zeitlupentempo. Diese Übung gibt Aufschluss über das Befinden des Hundes und spätestens, wenn man die Beine hinabstreicht, mildert sich dadurch etwaige Aufregung.

Der Tellington-TTouch sieht nicht spektakulär aus, doch er wirkt sich häufig so aus. Es entsteht eine Wechselwirkung: Sowohl der TTouchende als auch der Empfänger der TTouches kann aufmerksamer und ruhiger werden. Allein damit ist das Lernen schon doppelt so effektiv. Wenn Sie sich für die Tellington-Arbeit interessieren, lesen Sie am besten Bücher zum Thema oder besuchen ein Seminar.

Die Gerte ist ein typisches Tellington-Hilfsmittel. Durch das Abstreichen der Beine gibt sie dem Hund eine bessere Erdung.

Leinenführigkeit mit dem Clicker

Es ist eine gewisse Konzentration und Ruhe nötig, um an der lockeren Leine in der Stadt zu laufen. Häufig bekomme ich zu hören, dass die Hunde sehr aufgeregt werden, wenn sie geclickert werden. Das liegt allerdings meist an der Art, wie die Clickerarbeit mit den Hunden begonnen wurde. Ich kann jedem empfehlen, besonders am Anfang, immer das ruhige Verhalten des Hundes zu clickern. Selbst wenn vielleicht andere Details dabei auf der Strecke bleiben. Wenn Sie das Gehen an der lockeren Leine üben, ist es wichtig zu beachten, was nach dem Click folgt.

Arwen folgt Eva hier das erste Mal an der Leine.

Ein wenig Übung ist nötig, um den Clicker, die Leine und die Leckerchen zu koordinieren.

So gehen Sie vor

1. Gehen Sie an einen ruhigen Ort und nehmen Sie Ihren Hund an die Leine. Der Click ertönt, wenn die Leine locker ist.
2. Danach wird das Leckerchen einen halben Meter hinter der Person platziert, damit der nötige Vorsprung vorhanden ist, um sich wieder nach vorn auszurichten. Dies gilt allerdings nur für Hunde, die besonders stark ziehen.
3. Erreicht der Hund wieder die Position neben Ihnen, clicken Sie erneut.
4. Ab diesem Punkt verfahren Sie wie in Schritt 2.

Dieses angestrengte Nach-Oben-Schauen kann zu gesundheitlichen Schäden führen.

So gelingt die Übung

> **Häufig clicken:** Besonders am Anfang ist die Häufigkeit des Clicks recht hoch. Doch die meisten Hunde realisieren sehr schnell, dass es für sie lohnend ist, wenn sie sich auf gleicher Höhe mit ihrem Menschen aufhalten.

> **Welpen:** Haben Sie einen Welpen, der noch nie mit der Leine in Berührung kam, können Sie ihn schon für wenige Schritte an der lockeren Leine clicken. Welpen können sich nicht lange konzentrieren.

> **Auch ohne Leine üben:** Diese Übung kann auf gesichertem Gelände auch ohne Leine stattfinden.

> **Click herauszögern:** Der Click wird herausgezögert, sobald der Hund verstanden hat, dass es sich lohnt, an der lockeren Leine zu gehen.

> **Kein ständiges Hochschauen:** Der Hund kann beim Gehen nach vorn schauen. Sieht er nach vorn, dann ist er mehr bei sich, was wünschenswert ist. Es ist in Ordnung, wenn der Hund gelegentlich zu uns hochschaut, doch auf Dauer ist es nicht ratsam. Ein ständiges Hochschauen zu seinem Menschen kann zu gesundheitlichen Beeinträchtigungen führen. Probieren Sie selbst einmal nur eine Minute so angestrengt den Kopf zu heben!

Info

- Die Leinenführigkeit ist auf der Straße am wichtigsten und sollte daher ausreichend geübt werden. Um diese Wichtigkeit zu unterstreichen, habe ich mich diesem Kapitel besonders ausführlich gewidmet.
- Kann der Hund in seiner Balance bleiben, dann kommt die Spirale zwischen Aufregung, Aggression und Schmerzen erst gar nicht zustande.
- Außerdem ist die Leinenführigkeit die Grundlage für die Übungen in den nächsten Kapiteln.

Stopp am Straßenrand –
Bordsteintraining

Die Wahrnehmung des Hundes ist anders

Kindern kann man die Gefährlichkeit vorbeifahrender Autos ab einem bestimmten Alter erklären. Hunden kann man jedoch nicht einfach klarmachen, dass es gefährlich sein kann, die Straße zu betreten. Manche Hunde halten von sich aus am Straßenrand an und schauen, ob die Straße frei ist. Das sind allerdings absolute Ausnahmen, auf die man sich lieber nicht verlassen sollte.

Versetzen Sie sich in Ihren Hund hinein!

Wenn Sie einem Hund beibringen möchten, dass er am Bordstein anhält, ist es wichtig, sich in ihn hineinzuversetzen.

Der Anschaulichkeit wegen ziehe ich den Vergleich zwischen dem Augentier Mensch und dem Nasentier Hund. Wir Menschen nehmen sehr stark optische Reize wahr und gehen bei unserem

Damit das Anhalten am Fahrradweg klappt, braucht es viel Übung. Indy macht das schon sehr gut.

Gegenüber häufig davon aus, dass es die Welt genauso sieht wie wir. Hunde haben aber eine wirklich außerordentliche Fähigkeit, Gerüche zu verarbeiten. Daher nehmen sie andere Umweltreize wahr als wir Menschen. Würde man diese Art der Wahrnehmung mit Farben vergleichen, dann wäre die Straße schwarz und der Bürgersteig weiß oder bunt. Auf der Straße sind z. B. Reifenabrieb, Öl und sonstige Materialien, die sich auf dem Bürgersteig so gut wie gar nicht befinden. Diese Kante zwischen schwarz und weiß ist unser Bordstein. Daher ist auch ein niedriger Bordstein zu erkennen.

Fühlen Sie sich einmal in Ihren Hund hinein und begeben Sie sich auf den Erdboden. Aus dieser Perspektive erlebt er die Welt.

Was ist eigentlich ein Bordstein aus Hundesicht?

Zum Glück gibt es diese geruchliche Grenze, denn nicht jeder Bordstein ist durch seine Höhe zu definieren. Besonders in verkehrsberuhigten Zonen sind viele Kanten eigentlich nur noch optische Kennzeichnungen. Leider fahren dort auch Autos eher einmal über die Begrenzung, daher sind diese Markierungen schlechter wahrnehmbar für Hunde als die richtigen Kantensteine. Allerdings werden Hunde durch das Augentier Mensch erzogen, und sie sind wahre Anpassungskünstler.

Zwei meiner Hunde lernten z. B., lediglich rot abgesetzte Radfahrwege von der Straße zu unterscheiden und das, selbst wenn sie hinter Kaninchen herliefen.

„Sitz" als Mittelmaß

Zu sitzen fällt vielen Hunden leichter, als sich hinzulegen. Außerdem ist das Anhalten durch Sitzen klarer und eindeutiger, als nur stehen zu bleiben. Deshalb trainiere ich Hunde darauf, dass sie sich am Bordstein von allein hinsetzen.

Wenn Sitzen schwerfällt

Es gibt allerdings Hunde, die mit dem Sitzen Schwierigkeiten haben. Solche Hunde sollten dann die Stellung einnehmen dürfen, die für sie am angenehmsten ist.

Wenn sich Ihr Hund ungern setzt, können körperliche Beschwerden vorliegen, die Sie unbedingt vom Tierarzt abklären lassen sollten. Außerdem kann das Wetter das Hinsetzen massiv erschweren, auch dann sollten Ausnahmen gemacht werden. Manchmal ist der Bordstein durch Schneemassen oder Herbstlaub schwer zu erkennen. Dann braucht der Hund mehr Hilfe als normal. Diese Hilfe kann z. B. dadurch gegeben werden, dass der Hund wieder angeleint geführt wird, selbst wenn er eigentlich bereits gut ohne Leine laufen kann.

Hitze ist auf Asphalt oder Beton eine extreme Erschwernis. Wer einmal versucht hat, im Sommer barfuß durch eine Stadt zu gehen, dem ist sehr schnell klar, was unsere Hunde bei sommerlichen Temperaturen zu erleiden haben. Bei extremer Hitze meidet man solche Flächen, wann immer es möglich ist. Manchmal trage ich meine Hunde in solchen Fällen sogar, doch das ist nicht für jedes Hund-Mensch-Paar möglich.

Ablenkungen in der Stadt

Jeder Hund ist anders. Was den einen dazu bringt, die Straße zu überqueren, interessiert den anderen vielleicht wenig. Meistens sind es Begegnungen mit Hunden, anderen Tieren oder Menschen, die einen besonderen Reiz ausüben. Dann sind besonders diese Situationen speziell zu trainieren. Auch dabei kann der Clicker hilfreich sein (siehe S. 14). Doch manchmal sind es Gerüche oder Geräusche, die den Hund erschrecken oder so sehr interessieren, dass er die Straße ungewollt überquert. Zeigt der Hund ein besonders starkes Interesse an Geräuschen oder Gerüchen, dann ist meist Expertenrat gefragt. Denn diese Situationen sind für Laien schwer einschätzbar, und es ist dann besser, sich von einem Hundetrainer beraten zu lassen.

Die Signalgebung beim Überqueren der Straße

Im Verkehrserziehungskurs frage ich die Teilnehmer, ob sie bereits ein Hörzeichen eingeführt haben, um ihrem Hund das Überqueren der Straße zu signalisieren. Dieses Wortsignal einzuführen, ist an diesem Übungspunkt wichtig. Welche Signale sich eignen und wie sie schrittweise richtig trainiert werden, erfahren Sie in diesem Abschnitt.

Nicht alle Signale sind sinnvoll

Der Hund soll genau wissen, welches Signal ihm das Überqueren der Straße ankündigt. Viele Halter ziehen einfach ein bisschen an der Leine. Andere winken mit der Hand oder sagen „Lauf" oder „Los". Aus meiner Sicht sind das ungeeignete Signale, da sie nicht eindeutig sind. In der Stadt gibt es z. B. die Situation, dass geparkte Fahrzeuge die Sicht auf den fahrenden Verkehr versperren. Nun sitzt mein Hund am Bordstein, ich trete zwischen geparkten Autos auf die Straße, um zu schauen, ob sich ein Fahrzeug nähert. Dabei ist die Leine zu kurz und ich gebe ungewollt ein kurzes Zugsignal. Der Hund springt auf die Straße.

Hier ist die Leine zu lang. Jonas könnte Etna nicht aufhalten, wenn sie auf die Straße liefe.

Ähnlich verhält es sich mit einem kurzen Winken. Es ist für viele Menschen normal, dass sie bei Unterhaltungen ihre Hände bewegen. Im Zuge einer Diskussion kann es daher ohne Weiteres zu einer Winkgeste kommen. Meine Yorkshire-Hündin Eve gehört zu den Kandidaten, die gern einmal etwas zu ihren Gunsten missverstehen. Bei ihr wäre es also durchaus vorstellbar, dass sie meint, ein Winken wahrgenommen zu haben.

Wird das Hörzeichen „Los" oder „Lauf" nur an der Straße ausgesprochen, dann ist es als Wortsignal eindeutig. Allerdings verwenden viele Hundehalter diese Worte in verschiedenen Situationen. Meist sind dies Hörzeichen, um dem Hund das Losgehen zu signalisieren. Daher könnte die folgende Situation schwierig für ihn werden:
Der Hund hat eine Grundposition auf dem Gehsteig eingenommen. Der Halter möchte nun auf dem Gehsteig weitergehen. Er gibt dem Hund das Hörzeichen „Los". Nun ist es für den Hund durchaus denkbar, dass die Straße überquert werden soll. Besonders wenn der Hund gerade abgelenkt war und die Körpersprache seines Menschen nicht eindeutig in eine Richtung weist. Es kann hierbei also zu einem Missverständnis und somit zu einer gefährlichen Situation kommen.

Das richtige Signal heißt „Rüber"

Aus den oben genannten Gründen empfehle ich das Hörzeichen „Rüber" und kein Handzeichen. Dieses Wort signalisiert eindeutig das Überqueren. Niemand würde zu seinem Hund „Rüber" sagen und danach weiter auf der gleichen

Eva übt mit Arwen und ihrer Freundin das Anhalten am Bordstein unter Ablenkung.

Straßenseite laufen. Daher ist dieses Zeichen eindeutig. Hat der Hund gelernt, dass er nur nach dem Hörzeichen „Rüber" die Straße überqueren darf, ist er ziemlich sicher!

Allerdings erreichen Hunde diese Trainingsstufe erst ab einem bestimmten Reifegrad. Absolute Konsequenz des Menschen ist außerdem unabdingbar. Manchem Halter fällt es dann doch leichter, den Hund weiterhin an der Leine zu führen. Sollte das bei Ihnen der Fall sein, lassen Sie sich davon keinesfalls abbringen. Sie kennen sich und Ihren Hund am besten und an der Leine ist Ihr Hund im Straßenverkehr immer noch am sichersten.

Das Signal „Rüber" einüben

Beim Einüben des Hörzeichens lernt der Hund, dass das Überqueren der Bordsteinkante für ihn lohnenswert ist.

So gehen Sie vor

1. Sie lassen Ihren Hund am Bordstein anhalten.
2. Nun betreten Sie gemeinsam mit ihm die Straße. Dazu geben Sie ihm so viel Hilfe wie nötig, doch so wenig wie möglich. Welche Hilfe Sie geben können, erfahren Sie unter „So gelingt die Übung".
3. Berührt die erste Pfote die Straße, clicken Sie und geben ihm seine Belohnung.
4. Danach überqueren Sie entweder die Straße oder treten einfach zurück und bleiben auf der gleichen Straßenseite.
5. Fällt es Ihrem Hund leicht, Schritt 1 bis 4 zu wiederholen, dann fügen Sie nun das Hörzeichen „Rüber" ein. Bevor Ihr Hund die Straße betritt, sagen Sie „Rüber"in einem ruhigen Tonfall. Ansonsten verfahren Sie wie in Schritt 2 bis 4.
6. Danach wiederholen Sie Schritt 1 und 2, doch nun sagen Sie nur „Rüber". Sie versuchen, die Hilfe wegzulassen. Manche Hunde brauchen sie an dieser Stelle schon gar nicht mehr. Dazu ist es wichtig, dass Schritt 1 bis 4 ausreichend geübt wurden, bevor mit Schritt 5 begonnen wurde. Reicht „Rüber" noch nicht allein, zögern Sie die Hilfe mehr und mehr hinaus.

So gelingt die Übung

> Richtig Hilfen geben: Die Hilfen bei Schritt 2 können z. B. ein leichtes Ziehen an der Leine sein, den Namen des Hundes auszusprechen oder eine einladende Handbewegung zu machen. Damit diese Hilfen später nicht zum eigentlichen Signal werden, müssen sie schnellstmöglich abgebaut werden. Da dieses Abbauen der Hilfen sehr konsequent erfolgen sollte, werde ich darauf noch im folgenden Text eingehen.

Manchen Hunden hilft das kurze Anhalten an der Brust beim Stoppen am Bordstein.

Hilfen abbauen – jetzt gilt nur noch das Signal „Rüber"

Hat Ihr Hund verstanden, was ihm das Hörzeichen „Rüber" signalisiert, dann besteht die Aufgabe darin, ihm verständlich zu machen, dass dieses Signal nur noch allein gilt. Nichts anderes sollte mehr zum Überqueren der Straße führen. Egal was Sie tun und egal was um Sie herum geschieht, Ihr Hund hat an der Bordsteinkante anzuhalten.

Da Hunde keine Roboter sind, wird diese Übung bei jedem Individuum zu unterschiedlichen Lernerfolgen führen. Doch wenn ihnen diese Ausschließlichkeit plausibel und verständlich ist, dann kann ein hohes Trainingsniveau erreicht werden. Dabei möchte ich erneut die Wichtigkeit betonen, dass diese Übung lebensrettend sein kann.

Häufig angewandte Hilfen

Alle Hilfen sind natürlich auch Signale. Wir unterscheiden üblicherweise zwischen Fühl-, Sicht- und Hörsignalen.

> Fühlsignale: Ein Fühlsignal kann z. B. das leichte Ziehen an der Leine sein.

> Sichtsignale: Betritt man selbst die Straße und der Hund folgt der eigenen Körperbewegung oder einer zusätzlichen Geste, dann sind das optische Hilfen.

> Hörsignale: Ein Hörsignal ist z. B. der Name des Hundes, falls der Name benutzt wird, damit der Hund auf die Straße tritt.

Um diese Hilfen abzubauen, wird nun das eigentliche Signal ganz klar vor der Hilfe gegeben: Sie sagen „Rüber". Betritt der Hund daraufhin die Straße, benutzen Sie die Hilfe gar nicht mehr. Ansonsten warten Sie mindestens einen Atemzug ab und geben Ihrem Hund die gewohnte Hilfe. So wird Ihr Vierbeiner sehr schnell begriffen haben, dass beide Signale ab sofort Gültigkeit besitzen. Allerdings ist das noch nicht unser Ziel. Der Hund soll nun lernen, dass nur noch das Signal „Rüber" gilt.

So gehen Sie vor

1. Sie bleiben am Bordstein stehen. Nun geben Sie die Hilfe, die Sie jeweils nach dem Signal „Rüber" gegeben hatten. Ich bleibe jetzt der Verständlichkeit wegen beim leichten Ziehen an der Leine. Um dem Hund diesen Lernschritt zu erleichtern, beginnen Sie mit einem extrem leichten Zug.

2. Der Hund wird die Straße selbstverständlich betreten, doch diese Regel gilt ab sofort nicht mehr. Am effektivsten gelingt die Übung, wenn Sie ihn genau beim Loslaufen aufhalten. Jeder Hund reagiert unterschiedlich, manche Hunde sind schon durch ein Hörsignal wie „Steh" zu stoppen, andere brauchen eher ein Fühlsignal.

3. Nun beginnen Sie die Übung erneut. Ist Ihr Hund erfolgreich und bleibt stehen, dann clicken Sie und geben ihm seine Belohnung.

4. Sie sagen „Rüber" und clicken, wenn er die Straße betritt.

5. Wiederholen Sie Schritt 1 bis 4 und steigern Sie langsam den extrem leichten Zug zu einem sehr deutlichen Fühlsignal.

Spot hat gelernt trotz Leinenzug am Bordstein anzuhalten. Er wartet auf sein Hörzeichen „Rüber".

Sabrina versucht Taschka aktiv auf die Straße zu locken.

Als Taschka widersteht und sich Eva zuwendet, bekommt sie einen Click und ein Leckerchen.

So gelingt die Übung

> Vorsicht bei Schritt 2: Dieser Schritt kann Ihren Hund verunsichern, da die Regel, die vorher noch galt, plötzlich geändert wurde. Bitte beobachten Sie Ihren Hund an dieser Stelle besonders gut. Es hängt vom Charakter und seinen bisherigen Lernergebnissen im Leben ab, wie er mit solchen Situationen umgeht. Bitte bringen Sie keinen unnötigen Ernst an dieser Stelle ins Spiel, sondern behalten die Lockerheit und Fröhlichkeit der Übung bei. Auch dieser Schritt kann vom Hund spielend gelernt werden. Es gibt immer wieder Momente in jedem Leben, wo sich Regeln ändern und hier ist es leider unumgänglich. Im täglichen Leben müssen häufig Straßen überquert werden, auch ohne vorher geübt zu haben. Daher galten bisher Hilfen, die nun ihre Gültigkeit verlieren. Dabei helfen Sie Ihrem Hund so viel wie nötig, doch so wenig wie möglich.

> Andere Hilfen ausprobieren: Funktioniert die Übung mit der von Ihnen angewendeten Hilfe, wenden Sie andere Hilfen an. Probieren Sie ihn mit Ihrer eigenen Bewegung auf die Straße zu locken oder machen eine ausladende Handbewegung Richtung Straße. Danach stellen Sie sich auf die Straße und sagen den Namen Ihres Hundes. Ein eigenartiger Tonfall kann ihm helfen, stehen zu bleiben. Denn er wächst an seinen Erfolgen. Wenn Sie es schaffen, die Schritte so einfach zu wählen, dass der Hund immer erfolgreich sein kann, wird er umso schneller lernen. Und Spaß macht es ihm auch!

„Sitz" am Bordstein
Der Bordstein ist das Signal!

Bewusst spreche ich hier nicht von Kommando oder Befehl, wie es früher üblich war. Ein Signal ist lediglich ein Zeichen mit einer bestimmten Bedeutung, die das Signal durch Erlernen erhält. Durch ein Signal wird eine Information weitergegeben. Doch das Signal befiehlt oder kommandiert nichts. Der Hund ist in dem Fall mein Lernpartner und nicht mein Untergebener.

Der Bordstein soll ein Signal für den Hund werden. Tritt er auf den Bordstein zu, kann das bereits für den Hund bedeuten, dass er sich setzt, um seine Belohnung zu bekommen. Ein Signal ist häufig ein gesprochenes Wort. Es kann

Tamika hat gelernt auch ohne Leine am Bordstein anzuhalten.

aber auch, wie in diesem Falle, ein Gegenstand sein. Allerdings ist es sehr leicht, dem Hund ein neues Signal für ein bereits erlerntes Verhalten beizubringen, wenn ein anderes Signal schon erlernt wurde. Hat der Hund z. B. bereits verstanden, dass er sich auf mein Wortsignal „Sitz" hinsetzt, dann lernt er meist leicht, sich am Bordstein zu setzen. Der Bordstein wird für ihn zum Signal.

So gehen Sie vor

1. Am Anfang suchen Sie sich eine möglichst wenig befahrene Straße mit einer hohen Bordsteinkante. Günstig hierfür sind verkehrsberuhigte Bereiche.
2. Gehen Sie mit Ihrem angeleinten Hund auf den Bordstein zu.
3. Am Bordstein bleiben Sie stehen.
4. Falls Ihr Hund über den Bordstein laufen möchte, nehmen Sie die Leine so lange kurz und lassen sie wieder los, bis Ihr Hund an der lockeren Leine steht.
5. Nun sagen Sie „Sitz" zu Ihrem Hund.
6. Berührt der Hund mit seinem Po den Boden, clicken Sie, und er bekommt sein Leckerchen im Sitzen.
7. Geben Sie Ihrem Hund sein Losgehsignal und bleiben Sie auf der gleichen Straßenseite.
8. So laufen Sie jeweils in kleinen Bögen wieder an den Bordstein heran und wiederholen nun die Schritte 5 bis 7.

Dabei zögern Sie ab und zu ein wenig mit Ihrem Wortsignal, um zu sehen, ob Ihr Hund vielleicht schon allein auf die Idee kommt, sich zu setzen. Geben Sie immer nur so viel Hilfe wie nötig, aber so wenig wie möglich.

9. Treten Sie erneut im rechten Winkel an den Bordstein heran, und bleiben Sie stehen. Setzt der Hund sich ohne Ihr Zutun, dann clicken Sie. Geben Sie ihm eine Handvoll Leckerchen und loben Sie ihn überschwänglich. Sie machen es richtig, wenn jedermann Ihre Freude über diesen Lernerfolg sehen kann.

So gelingt die Übung

> Auf Sicherheit achten: Bei allen nun folgenden Bordsteinübungen achten Sie auf Ihre eigene Sicherheit und die Ihres Hundes. Suchen Sie sich unbedingt wenig befahrene Straßen aus. Am besten kennzeichnen Sie sich oder Ihren Hund oder beide mit Signalstreifen. Es gibt z. B. Warnwesten, die die Ausbilder meiner Hundeschule im Verkehrserziehungskurs tragen.

> „Sitz" muss bereits gelernt sein: Der Hund sollte vor dieser Übung bereits verstanden haben, was das Wort „Sitz" bedeutet, und sich unverzüglich setzen. Es ist wie beim Hausbau, zuerst muss das Fundament stehen, ansonsten ist alles wackelig, was darauf gebaut wird.

Setzt Tamika sich am Bordstein, erhält sie einen Click und ein Leckerchen.

> **Leinenführung beachten:** Das Annehmen und Loslassen der Leine ist nur mit einer Doppelkontaktführung möglich.

> **Clickertraining:** Es hat nur Sinn, den Hund zu clickern, wenn Sie ihm vorher beigebracht haben, dass der Clicker bedeutet: Nach jedem Clickgeräusch folgt eine Belohnung.

> **Der richtige Winkel:** Es ist wichtig, im rechten Winkel an den Rinnstein heranzutreten, als wollten Sie die Straße überqueren. Der Bezug zur Kante kann für den Hund nur ersichtlich werden, wenn Sie möglichst dicht an den Bordstein herantreten.

> **Konsequent bleiben:** Das Betreten der Straße, ohne Ihre Aufforderung, sollte

Spot bleibt abrupt am Bordstein stehen, obwohl seine Halterin auf die Straße gelaufen ist, ohne auf ihn zu achten.

„Sitz" aufbauen – Basisübung

1. Üben Sie an einem abwechslungsarmen Ort.
2. Klemmen Sie sich einen Futterbrocken zwischen Daumen und Mittelfinger, der Zeigefinger zeigt dabei gerade nach oben.
3. Halten Sie das Leckerli fast an die Hundenase und ziehen es von da aus ein wenig höher in Richtung Hundestirn. Damit möchte man erreichen, dass der Hund hochschaut und sein Hinterteil Richtung Boden bewegt.
4. Geht das hintere Körperdrittel herunter, clicken Sie und geben dem Hund das Leckerchen.
5. Hat er sich sechsmal in Folge mit Leckerchenbestechung gesetzt, versuchen Sie es ohne Bestechung. Führen Sie die Übung wie beschrieben aus, nur ohne Leckerchennahme.
6. Setzt sich Ihr Hund, clicken Sie und geben ihm das Leckerchen im Sitzen.
7. Funktioniert dieser Schritt sechsmal, geben Sie nur das Handzeichen, die geschlossene Hand und den nach oben gerichteten Zeigefinger, ohne die Leckerchennahme anzutäuschen.
8. Setzt sich Ihr Hund hin, clicken Sie und er bekommt sein Leckerchen. Wenn es gerade besonders gut funktioniert hat, beenden Sie die Übung mit dem Signal „Ende" und geben dem Hund noch ein paar Leckerchen, ohne eine Gegenleistung zu verlangen. Mehr über „Sitz" und andere Übungen finden Sie in meinem Buch „Hunde erziehen mit dem Clicker".

Spot hat verstanden, dass er sich am Bordstein setzen muss.

ein Tabu werden. Dieses Tabu rettete in Berlin schon vielen Hunden das Leben. Daher ist hier Ihre liebevolle Konsequenz wirklich nötig.

> **Kurze Wiederholungen:** Kurze Wiederholungssequenzen über den Tag verteilt steigern den Lernerfolg.

> **Lernpausen einhalten:** Nach dem gelungenen Schritt sollte eine Lernpause eingelegt werden, damit der Lernerfolg vom Kurzzeitgedächtnis ins Langzeitgedächtnis übernommen wird.

> **„Rüber" gilt immer:** Natürlich müssen in der Stadt zu jedem Zeitpunkt weitere Straßen überquert werden, auch wenn Sie gerade nicht mit Ihrem Hund üben.

Lassen Sie ihn nun an jedem Bordstein sitzen und sagen Sie ab sofort immer „Rüber", bevor er die Straße betritt.

Anhalten und „Rüber" als Kombination lernen

Diese Vorgehensweise hat sich für manche Halter und Hunde als durchaus praktikabel erwiesen. Ob es eine Möglichkeit für Sie ist, hängt von einem Versuch ab.

So gehen Sie vor

1. Bei dieser Übung wird sofort das Sitzen am Bordstein mit dem Losgehen kombiniert. Dabei bekommt der Hund direkt nach der Belohnung für das „Sitz" die Hilfe zum Überqueren der Straße.
2. Nun wird er, wie bereits in der Übung „Rüber" beschrieben (siehe S. 46), geclickt.
3. Die Übung beginnt von Neuem.

Diese Übung verlangt von Hund und Halter zusätzliche Konzentration. Empfehlen kann ich diese Kombination bereits geübten Hundehaltern, die sich mit dem Thema Hundetraining auskennen. Lerntheoretisch können die Schritte sehr wohl parallel geübt werden, doch es ist anspruchsvoll. Ich habe einige Hunde erlebt, für die es zu schwierig war. Diese Hunde hatten ein langsames Lerntempo oder konnten sich nicht ausreichend konzentrieren.

Lerntheorie im Straßenverkehr

Individuellen Lehrplan aufstellen

Alle Lernschritte, um den Bordstein als Signal kennenzulernen, können noch beliebig weiter unterteilt werden. Jeder Hund hat seine eigene Art zu lernen und sein eigenes Lerntempo. Daher ist es ratsam, für den eigenen Hund einen individuellen Übungsplan zu erstellen. Die von mir aufgestellten Übungsstufen können immer nur einen Leitfaden darstellen, an dem Sie sich orientieren.

Verschiedene Bordsteintypen

Es ist wichtig zu realisieren, wie viele unterschiedliche Bordsteintypen und -höhen es gibt. Manchmal fällt es einem sogar selbst schwer zu erkennen, wo die Straße beginnt. Diese Beobachtung ist aber wichtig, um eine klare Vorstellung für sich selbst und den Hund zu haben, wo genau er anhalten soll.

Zeit und Geduld

Sie sollten sich für diese Übungen Zeit nehmen und Geduld mitbringen. Selbst erfahrene Hundetrainer brauchen teilweise viele Monate, bis das Signal „Bordstein" wirklich verstanden wird.

Im Zweifel an der Leine

Ob Sie Ihren Hund dann ohne Leine an der Straße führen, ist Ihnen selbst überlassen. Allerdings möchte ich dabei immer wieder darauf hinweisen, dass es immer Momente geben wird, wo sogar bereits sehr gut trainierte Hunde auf die Straße laufen. Wenn Hunde extrem vor Dingen oder Geräuschen erschrecken oder leicht in Panik geraten, sollten sie in Straßennähe immer angeleint bleiben. Durch die Leine wird übrigens nicht nur Ihr Hund geschützt, sondern darüber hinaus werden im Straßenverkehr Unfälle verhindert. Auch versicherungstechnisch lautet die erste Frage bei einem Zwischenfall immer: „War Ihr Hund angeleint?"

Körperliche Auslastung

Hunde werden durch das Laufen auf der Straße nie richtig körperlich ausgelastet. Hunde können also durchaus ein Leben lang an der Straße angeleint geführt werden. Ihren Auslauf erhalten sie ohnehin nur dort in ausreichendem Maße, wo sie auch rennen können.

Jazzman, Kayleen, Luise und Arwen haben das Anhalten bereits gelernt. Besonders kleine Hunde werden von Autofahrern leicht übersehen. Deshalb ist Verkehrserziehung sehr wichtig.

Reize simulieren – Ablenkungen schaffen

Welche Ablenkungen es gibt, habe ich bereits beschrieben. Nicht alle vorhandenen Reize können realistisch simuliert werden. Es wird wohl kaum jemand ein zahmes Eichhörnchen besitzen, das zu Übungszwecken vor dem Hund über die Straße geschickt wird. Also bleiben wir bei dem, was wir üben können.

Ablenkungsobjekte

Besonders leicht ist die Ablenkung durch herumliegendes Essen zu trainieren. Solange das Tauschen für Ihren Hund noch ein Problem ist (siehe S. 69), sollten Sie besser damit beginnen. Besonders dann, wenn Ihr Hund dazu neigt, sein Essen zu verteidigen.

Bei der Auswahl der Ablenkungsobjekte ist der eigenen Fantasie keine Grenze gesetzt. Ob Brathuhn, Bockwurst oder Pizza – was Ihren Hund am ehesten verführt, hängt von seinem individuellen Geschmack ab. Wir trainieren viel mit Brot und danach mit Bockwurst. Eingelegte Würste haben einen starken Geruch und sind kostengünstig zum Üben. Einfache Wiener Würstchen haben meist einen hohen Salzgehalt und sollten daher nicht übermäßig verfüttert werden. Allerdings werden erbsengroße

Stücke bei einem gesunden Hund keinen Schaden anrichten.

Bei den im Folgenden beschriebenen Übungen ist jeweils große Freude angebracht, falls der Hund sie erfolgreich bewältigt. Forschungsergebnisse belegen, wie wichtig positive Emotionen beim Lernprozess sind. Es ist nicht nur spaßig, sondern effektiv, sich bei jedem Click zu freuen. Besonders wenn eine neue Hürde genommen wird, kann die Freude übermäßig sein. Die Freude sollte dann auf beiden Seiten zu spüren sein. Im Kasten auf der nächsten Seite finden Sie eine kleine Übung zum speziellen Kennenlernen Ihres Hundes. Nehmen Sie die Übung ernst. Beobachten Sie Ihren Hund und notieren Sie Ihre Beobachtungen. Nur wenn Sie Ihren Hund wirklich gut kennen, werden Sie seine Freude hervorlocken können.

Test

Kenne ich meinen Hund?

Notieren Sie hier Ihre Beobachtungen.

Welche Eigenschaften zeichnen meinen Hund aus?

1 _____   6 _____

2 _____   7 _____

3 _____   8 _____

4 _____   9 _____

5 _____   10 _____

Was liebt mein Hund? Womit kann ich ihm helfen?

1 _____   6 _____

2 _____   7 _____

3 _____   8 _____

4 _____   9 _____

5 _____   10 _____

Was mag mein Hund nicht? Was sind für ihn Schwierigkeiten?

1 _____   6 _____

2 _____   7 _____

3 _____   8 _____

4 _____   9 _____

5 _____   10 _____

Leckereien auf der Straße

Im letzten Teil des Buches gehe ich darauf ein, wie Sie Ihrem Hund beibringen, dass er Essbares auf der Straße liegen lassen soll. Hier soll der Hund nun lernen, dass er selbst dann auf dem Bürgersteig bleibt, wenn es auf der Straße etwas Leckeres zu holen gibt.

Köder auslegen

Auf einer Runde ohne Hund wird für diese Übung etwas Essbares auf der Straße ausgelegt. Wir beginnen meist mit großen trockenen Brotkanten und alten Tierschädeln. Diese haben den Vorteil, dass sie nicht direkt verschluckt werden können und für viele Hunde nicht allzu schmackhaft sind. Allerdings heißt es in Berlin schnell sein, wenn das ausgelegte Brot noch daliegen soll, denn es gibt hier Stadtfüchse, Krähen und andere Hunde. Dabei kann eine zweite Person hilfreich sein. Diese Person kann ca. 50 Meter vorauslaufen und die Sachen auslegen.

Petra clickt Lucy. Dann kann sich Lucy das wohlverdiente Brot als Belohnung holen.

So gehen Sie vor

1. Zuerst führen Sie Ihren Hund dicht an den Bordstein, sodass er das ausgelegte Brot riechen oder sehen kann.
2. Strebt er auf die Straße, halten Sie ihn zurück.
3. Steht er an der lockeren Leine und sieht bestenfalls in Richtung Brot, clicken Sie und belohnen ihn mit einer besonderen Leckerei.
4. Wiederholen Sie die Schritte 1 bis 3. Hierbei müssen Sie bei Schritt 3 jeweils clicken, wenn der Hund das Brot bemerkt hat und trotzdem an der lockeren Leine am Bordstein anhält. In welche

Eve hat trotz Ablenkung gelernt, am Bordstein sitzen zu bleiben.

Und auch Nana hat es geschafft. Andreas belohnt sie mit einem Leckerchen.

Richtung er während des Clickens schaut, ist zweitrangig.

5. Setzt er sich, clicken Sie und erlauben ihm mit „Rüber", das Brot zu essen.

6. Die Attraktivität von Esswaren kann dann durch Bockwurst, Pizza oder Döner beliebig gesteigert werden.

So gelingt die Übung

Der Einfachheit halber beschreibe ich den ganzen Verlauf mit Brot.

> Köder außer Reichweite: Der Hund sollte das Brot gut erkennen, doch er darf es vom Bürgersteig aus nicht erreichen können.

> Hilfe geben: Sie können Ihrem Hund bei Schritt 5 anfangs mit dem Hörzeichen „Sitz" helfen. Wenn er sehr aufgeregt ist, dann machen Sie ein paar Tellington-TTouches. Der Muschel-TTouch trägt z. B. zur Konzentration bei (siehe Kasten). Fälschlicherweise wird häufig angenommen, dass mit Schritt 5 das Aufnehmen von Essbarem von der Straße gefördert wird. Dieser Faktor ist meiner Erfahrung nach vernachlässigbar. Detaillierter werde ich darauf im letzten Abschnitt eingehen.

> Köder richtig wählen: Ist für Ihren Hund Spielzeug besonders wichtig, legen Sie einen Ball aus. Selbst mit Hundefreunden oder bekannten Menschen kann geübt werden. In diesem Fall ist die Belohnung nach dem Click die Begrüßung.

> Köder nach dem Training entfernen:
Wir achten immer darauf, nach dem Training alles wieder einzusammeln. Viele Hundehalter haben große Angst vor vergifteten Ködern und reagieren erschrocken, wenn sie Essbares auf der Straße liegen sehen. Außerdem ist es das Material für die nächste Übung.

Muschel-TTouch

Man legt die flache Hand auf den Hund. Die Körperstelle ist egal. Dann verschiebt man die Haut sanft im 1 ¼ Kreis. Danach lässt man die Hand kurz an dieser Stelle liegen und zieht weiter zur nächsten Körperstelle. Der Kreis beginnt jeweils bodennah. Wenn man sich das Ziffernblatt einer Uhr vorstellt, endet man bei Neun. Der TTouch beruhigt und steigert die Konzentration.

Bewegungsreize ins Spiel bringen

Um den Reiz noch zu steigern, bringen wir Bewegung ins Spiel. Auch hier kann eine zweite Person hilfreich sein. Sich bewegende Objekte haben für den Beutegreifer Hund immer eine stärkere Bedeutung als „leblose" Dinge. Daher steigern wir die Attraktivität der angebotenen Reize dadurch, dass sie sich bewegen. Bevor Sie mit den folgenden Übungsschritten loslegen, sollte die Basis gut trainiert sein.

So gehen sie vor

1. Ist das ausgelegte Schnitzel keine Hürde mehr für den Hund, wird er angeleint am Bordstein entlanggeführt.
2. Nun wird ein Schnitzel vor den Augen des Hundes auf die Straße geworfen.

Shoucran sieht das Schnitzel fliegen und muss mit dem Annehmen der Leine an das Anhalten erinnert werden.

Trotz des fliegenden Schnitzels besinnt sie sich und setzt sich.

Jetzt bekommt sie die Belohnung aus der Tube.

Diese Aufgabe kann die zweite Person übernehmen, denn dann kommt die Aktion überraschender.

3. Möchte der Hund nun auf die Straße rennen, halten Sie ihn sachte, aber bestimmt zurück.

4. In dem Moment, in dem die Leine locker ist und der Hund noch auf dem Bürgersteig steht, wird geclickt. Geben Sie ihm eine besonders leckere Belohnung, die das Schnitzel in den Hintergrund treten lässt.

5. Wiederholen Sie die Schritte 1 bis 4, bis Ihrem Hund klar ist, was sich wirklich für ihn lohnt.

6. Danach können Sie wiederum die Hörzeichen „Sitz" und „Rüber" einbauen, wie in der Übung mit dem liegenden Brot (siehe S. 57).

So gelingt die Übung

> Timing beachten: Ohne Hilfsperson ist die Übung schwieriger, kann jedoch auch durchgeführt werden. Allerdings ist die Anforderung an die eigene Koordination hoch. Dabei wird der Hund mit einer Hand geführt und mit der zweiten Hand wird das Schnitzel geworfen. Falls eine zweite Person behilflich ist, kann diese das Werfen übernehmen. Der größte Lernerfolg wird erzielt, wenn der Hund das Wurfobjekt erst in dem Moment wahrnimmt, in dem es fliegt oder auf der Straße landet.

> Qualität des Köders: Für manche Hunde sind „fliegende Schnitzel" durch nichts zu toppen. Seien Sie daher fantasievoll und probieren Sie mit Qualität und Quantität zu überzeugen. Häufig bietet das menschliche Mittagessen Leckereien, die für den Hund einen absoluten Jackpot darstellen.

Dabei taucht dann stets in Kursen die Frage auf, ob ich meinen Hund durch das Füttern von Pizza, Döner etc. vielleicht erst auf den Geschmack bringe. Aber glauben Sie mir, unsere Hunde wissen genau, dass diese Dinge lecker sind. Sie werden lediglich ihre Steuerbarkeit in Bezug auf solche Dinge trainieren und nicht, ob sie es mögen oder nicht.

> Spielzeug statt Leckerei: Die fliegenden Leckereien können wiederum durch

Spielzeuge ersetzt oder ergänzt werden. Die Schwierigkeit besteht allerdings z. B. bei Bällen darin, dass die Steuerung, wo sie zum Liegen kommen, großer Treffsicherheit bedarf. Hierbei kann die zweite Person hilfreich sein, um die fliegenden Dinge wieder von der Straße zu holen.

> Aus dem „Sitz" üben: Für manche Hunde ist es etwas einfacher, wenn das Schnitzel an ihnen vorbeifliegt, während sie bereits an der Straße sitzen. Dann dürfen sie es sich nach dem Click mit dem Signal „Rüber" holen.

Ablenkung durch die Bezugsperson

Ich rede hier von Ablenkung, aber eigentlich ist es vielmehr eine gezielte Verführung. Ich zeige dem Hund Dinge oder bringe ihn in Situationen, in denen er gern die Straße betreten würde. Und alles nur, um ihm dann zu zeigen, wie toll es sein kann, trotzdem am Bordsteinrand anzuhalten. Das Clickertraining ist dabei wieder besonders hilfreich. Es kommt immer jeweils auf den exakten Zeitpunkt an, um dem Hund zu signalisieren, was für ihn lohnend ist. Wenn die Bezugsperson die Straße betritt, ist das für viele Hunde ein Signal, dies ebenfalls zu tun. In Berlin gibt es

Geht die Bezugsperson auf die Straße, ist das eine sehr große Ablenkung.

z. B. viele Straßen, wo man zwischen parkenden Autos durchgehen muss, bevor man den fahrenden Verkehr einsehen kann. Man verlässt also den Gehweg und tritt auf die Straße. Aber sogar dann sollte der Hund von sich aus am Bordstein anhalten.

So gehen Sie vor

1. Sie gehen an den Kantenstein heran, der Hund setzt sich hin.
2. Der Hund erhält seinen Click und sein Leckerchen.
3. Nun betreten Sie die Straße, als ob Sie sie überqueren möchten.
4. Bleibt der Hund sitzen, freuen Sie sich, clicken Sie, gehen Sie zu ihm zurück, und

er erhält seine Belohnung. Will er Ihnen folgen, nehmen Sie die Leine so an, dass der Hund in seiner Bewegung sanft gestoppt wird. Haben Sie eine Hilfsperson zur Verfügung, dann stoppt sie den Hund vorsichtig in seiner Bewegung. Steht oder sitzt der Hund nun an der lockeren Leine am Bordstein, wird geclickt, und er bekommt seine Belohnung.
5. Bleibt der Hund beständig sitzen, wenn Sie die Straße betreten, dann steigern Sie den Schwierigkeitsgrad. Sie betreten nun ohne anzuhalten die Straße. Dennoch soll der Hund von allein stoppen und sich setzen.
6. Setzt der Hund sich, bekommt er seinen Click und seine Belohnung. Setzt

Eva führt Spot auf die Straße, und Sabrina kann von hinten helfen, wenn es nötig ist.

Mit dem Clicker können Sie genau den Zeitpunkt bestärken, wenn der Hund sich hinsetzt.

er sich noch nicht, bleibt aber stehen, helfen Sie ihm mit dem von ihm gewöhnten Zeichen. Sie helfen ihm z. B. durch das Hörsignal „Sitz".

7. Wiederholen Sie die Schritte 5 und 6 so lange, bis Ihr Hund das System verstanden hat, sich an den Bordstein zu setzen, selbst wenn Sie die Straße ohne anzuhalten betreten.

So gelingt die Übung

> Anhalten beachten: Achten Sie ganz besonders darauf, dass der Hund tatsächlich anhält. Das kann manchmal schwierig sein, da Sie ihm dabei den Rücken zuwenden. Machen Sie deshalb zuerst nur einen halben Schritt auf die

Erst nach dem Click drehen Sie sich um und geben Ihrem Hund das Leckerchen.

Straße. Sie können ihn wiederum durch alternierende Fühlzeichen an das Anhalten „erinnern". Der Hund sollte sich hinsetzen, bevor Sie sich zu ihm umdrehen und zu ihm zurückgehen.

> Üben mit Hilfsperson: Für diese Übung kann eine zweite Person sehr hilfreich sein. Die zweite Person befestigt eine zweite Leine am Hund. Sie begleitet die Übung, indem sie auf Abstand auf dem Gehweg mitgeht. Immer wenn der Hund die Straße betreten möchte, hält diese Hilfsperson den Hund durch einen leichten Zug davon ab. Wichtig dabei ist, dass die zweite Person sich nur so viel wie nötig, doch so wenig wie möglich einbringt. Allerdings fällt es mit einer zweiten Person leichter. Hierbei kann sich der Halter leichter seiner Absicht widmen, die Straße zu überqueren.

> Bei schmalen Gehwegen: Sollte der Bordstein recht schmal sein, führen Sie Ihren Hund auf der straßenabgewandten Seite. Es ist dann einfacher, die Straße ohne ihn zu betreten.

> Richtig stoppen: Den Hund in seiner Bewegung zu stoppen bedeutet, die Leine im Wechsel anzunehmen und locker zu lassen, bis der Hund in seiner Balance ist und an der lockeren Leine anhält. Immer nur so viel Hilfe wie nötig, doch so wenig wie möglich.

> **Richtig steigern:** Für Schritt 5 ist es ein gutes Maß, wenn der Hund sechsmal hintereinander angehalten hat bzw. sechs- von achtmal. Dann können Sie den Schwierigkeitsgrad steigern.

> **Clicker und Freude:** Der Clicker ist lediglich eine Hilfe beim Erlernen der einzelnen Stufen. Beachten Sie immer: Jeder Click ist ein Grund zur Freude. Zeigen Sie Ihre Freude deutlich! Der Hund wird die Übung dann noch besser verknüpfen, und allen Beteiligten macht es Spaß.

> **Click langsam abbauen:** Nachdem der Hund begriffen hat, was das Herantreten an den Bordstein bedeutet, wird der Clicker abgebaut. Dabei wird in unregelmäßigen Abständen geclickert. Bis dann irgendwann das Clicken ganz weggelassen werden kann. Allerdings fällt die Belohnung nicht ganz weg.

> **Wichtig!** Solange Sie clickern, wird auch die Verknüpfung zwischen dem Click und dem Leckerchen immer beibehalten.

Generalisierung – jetzt werden andere Orte wichtig

Alle Bordsteinübungen werden nun gezielt an den verschiedensten Arten von Bordsteinen geübt. Dabei ist immer wieder wichtig, dass der Hund erfolgreich sein kann. Kleine Schritte sind beim Lernen effizient. Sollte Ihr Hund mit einem bestimmten Bordstein nicht gleich zurechtkommen, dann überlegen Sie, woran es liegen kann.

Ist es vielleicht die Höhe, das Material, wie wenig die Straße befahren wird, die Farbe, oder was könnte es sonst sein, warum sich Ihr Hund nicht gleich setzt? Irgendetwas scheint er dann vielleicht noch nicht ausreichend gelernt zu haben, nicht zu kennen, oder er hat ein wirkliches Problem mit diesem Ort. Finden Sie es heraus und lernen Sie Ihren Hund dabei noch besser kennen. Manchmal kann es hilfreich sein, eine andere Person zuschauen zu lassen. Von außen betrachtet, ist meist leichter zu erkennen, was der ständig Übende vielleicht nicht wahrnimmt.

Essbares auf der Straße liegen lassen – Tauschen

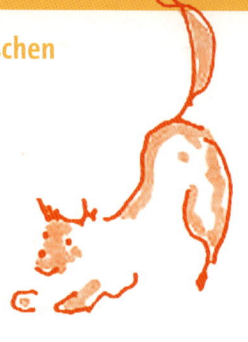

Alles eine Frage der Übung

Nur wenige Hunde sind so mäkelig, dass sie Essbares von allein liegen lassen. Wenn sie es ohne Übung machen, gibt es nicht selten einen krankheitsbedingten Grund dafür. Finden sie etwas Essbares, dann zählt für Hunde meist nur eines, es zu essen und zwar so schnell wie möglich.

Man kann Hunden mit liebevoller Konsequenz aber zeigen, dass es sich lohnt, die Leckereien liegen zu lassen.

Die eigene Psyche und die Fresslust des Hundes

Der Wunsch des Hundehalters, dass der Hund bitte alles Essbare liegen lassen soll, lässt genau die entgegengesetzte Reaktion entstehen. Dieser psychologische Effekt heißt Reaktanz. Verbotenes erhält eine Anziehung dadurch, dass es verboten ist. Dieser Faktor wird vielfach unterschätzt. Doch in Wirklichkeit ist dies meiner Erfahrung nach ein entscheidender Einfluss. Eine Labradorhündin, die mir als Kundenhund vorgestellt wurde, trug auf ihrem Brustgeschirr die Aufschrift „Biotonne". Raten Sie mal, aus welchem Grund sie vorgestellt wurde: Der Hund sollte nichts mehr von der Straße fressen. Dieses Thema beherrschte das Leben des Hundehalters. Es gibt einen netten Spruch: „Der Name ist Programm!" Daher lautete mein erster Rat, ob vielleicht ein neuer Spruch auf dem Brustgeschirr denkbar wäre? „Prinzessin" wäre z. B. etwas Positives. Die Hündin zeigte reaktantes Verhalten in extremer Form. Solange der Halter sie an der Leine hielt,

Blättermagen wird von den meisten Hunden als ganz besondere Leckerei angesehen.

„Der Name ist Programm." Deshalb sollte auf dem Brustgeschirr eine positive Aussage stehen.

konnte sie nicht aufhören zu fressen. Nahm ich die Leine, war sie in der Lage, von den ausgelegten Broten abzulassen. In dieser außergewöhnlichen Form habe ich das nur selten erlebt, doch reaktantes Verhalten schwingt eigentlich bei allen Hunden mit.

Rasse und Individualität

Treffe ich auf der Straße einen Hundehalter, so muss ich gar nicht nach seinem Rat fragen. Ich bekomme ihn, ob ich will oder nicht. Da werden Tipps weitergegeben, die beim eigenen Hund angeblich gewirkt haben.
Bei solchen Ratschlägen kann etwas Brauchbares dabei sein. Doch das meiste trifft wohl eher nicht zu. Ich empfehle

meinen Kunden eindringlich, ihr Bauchgefühl zu befragen, ob der Ratschlag für sie und ihren Hund eine Alternative ist. Allerdings sollte alles respektvoll mit Mensch und Tier ablaufen.
Jeder Hund geht anders mit dem Thema Essen um. Dabei spielt die Rassenzugehörigkeit eine sehr große Rolle. Doch ich habe sogar Beagles erlebt, die nichts essen wollten, obwohl ihnen eine gesteigerte Fresslust „in die Wiege gelegt wurde". Bekommt ein Beagle-Halter einen Tipp vom Halter eines Cavalier-King-Charles-Spaniels, dann ist es etwa so, als ob mir ein Golden-Retriever-Besitzer etwas zu meinem Yorkie erklären möchte. Das ist bestimmt nett gemeint, doch meist nicht hilfreich.

Der Kinderbrei aus der Tube toppt den Laib Brot um einiges.

Was ist wirklich eklig?

In diesem Punkt gehen die Meinungen weit auseinander. Besonders weit ist die Kluft zwischen Mensch und Hund. Den meisten Hunden schmeckt Katzenkot. Allerdings löst allein diese Vorstellung beim Halter häufig schon Übelkeit aus. Dieses Ekelgefühl verstärkt in hohem Maße das reaktante Verhalten, d. h., es entsteht exakt das Gegenteil: Die Gier des Hundes nach diesen Dingen nimmt extrem zu. Schafft der Halter es, zu akzeptieren, dass es dem Hund einfach schmeckt, dann kann er vielleicht etwas neutraler mit der Sache umgehen.

Wie hoch ist die Vergiftungsgefahr?

Im Gespräch mit einem befreundeten Tierarzt, der seit vielen Jahren eine Kleintierpraxis in der Berliner Innenstadt führt, wurde mir bestätigt, dass Vergiftungsfälle – Gott sei Dank! – viel seltener vorkommen als in den Medien dargestellt. Er erzählte, dass in allen Fällen, in denen ihm tote Tiere mit dem Verdacht auf Vergiftung in die Praxis gebracht wurden, die von ihm eingeleitete Ursachenforschung im Institut für Pathologie diesen Verdacht niemals bestätigte. Sicher sprechen Tierärzte bei unklaren Infekten als Differenzialdiagnose auch eine Vergiftung an. Diese Verdachtsdiagnose bleibt dann im Gedächtnis des Tierhalters besonders präsent und wird unter anderen Tierhaltern gestreut: „Der Tierarzt meinte, mein Hund könnte vergiftet worden sein…" Gerade in Zeiten heftiger Magen-Darm-Infekte, die für das erkrankte Tier auch tödlich enden können, hört man die

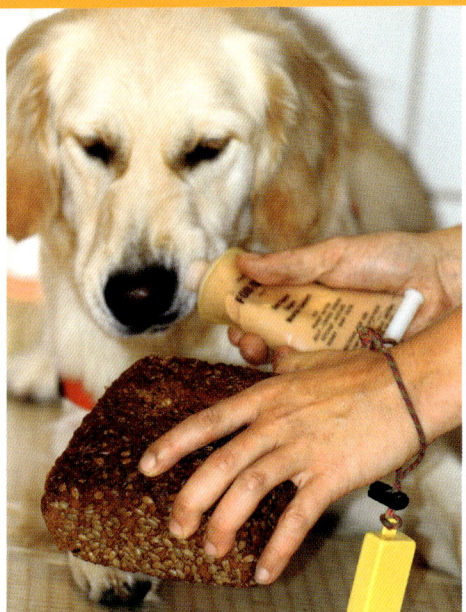

Shoucran hat gerade etwas von dem Brei auf der Zunge und verzieht daher das Gesicht.

Geschichte von der Vergiftung dann besonders häufig.

Wo Rattengift ausgelegt wird, werden im Normalfall auffällige Hinweistafeln aufgehängt. Hundehasser, die tatsächlich etwas auslegen, gibt es anscheinend viel weniger häufig als angenommen. Ohne Zweifel ist jeder vergiftete Hund einer zu viel, doch die Angst vor der Vergiftung bringt wiederum das reaktante Verhalten auf den Plan. Denn der Hund kann nur erkennen, dass es uns sehr wichtig ist, dass er alles Essbare liegen lassen soll. Deshalb sollten Sie bei dem Gerücht, ein Hundehasser würde sich in Ihrer Gegend herumtreiben, zuerst die Tierärzte vor Ort anrufen. Falls diese davon nichts wissen, ist es eher unwahrscheinlich, dass wirklich Gefahr droht.

Tauschen in der Praxis

In der von mir mitgestalteten Live-Sendung auf Tier TV lachte der anwesende Tierarzt jedes Mal, wenn ich vom Tauschen sprach. Schließlich möchte man so etwas wie Katzen- oder Menschenkot nicht wirklich eintauschen. Der Hund soll es lediglich ablegen und bekommt im Tausch dagegen etwas Besseres.

So gehen Sie vor

1. Sie befinden sich ohne Ihren Hund in einem Raum. Dort legen Sie ein getrocknetes Brötchen oder einen Brotkanten auf den Fußboden.
2. Nun gehen Sie zu Ihrem Hund. Sie nehmen die besonders leckeren Häppchen in die eine Hand und den Clicker in die andere Hand.
3. Nun führen Sie Ihren Hund in den Brötchenraum.
4. Nimmt Ihr Hund das Brötchen in den Mund, bieten Sie ihm Ihre mitgebrachten Leckereien an.
5. Interessiert sich Ihr Hund für die Leckereien, clicken Sie und geben ihm etwas davon.
6. Nimmt Ihr Hund das Brötchen erneut, wiederholen Sie Schritt 4 und 5.
7. Wenn Ihr Hund das Brötchen liegen lässt, legen Sie es unerreichbar hoch oder locken Ihren Hund mithilfe der Leckereien aus dem Raum.

So gelingt die Übung

> **Üben mit Hilfsperson:** Mit einer zweiten Person wird die Übung leichter, vor allem wenn Sie selbst mit dem Clicker noch nicht so geübt umgehen können. In diesem Fall lassen Sie sich von jemandem helfen, der Erfahrung im Clickertraining hat. Diese Person übernimmt dann das Clickern während der Übung, sodass Sie sich komplett auf das Locken und Füttern konzentrieren können.

> **Besondere Leckerchen verwenden:** Das kann z. B. GREH-Kuchen sein. Das Rezept finden Sie auf meiner Homepage www.greh.de. Viele Hunde schätzen auch einfache Leberwurst. Leberwurst kann in mehrfach befüllbaren Tuben (Outdoorbedarf) eingesetzt werden. Besonders beim ersten Versuch benötigt man manchmal viele Leckerchen oder eine ganze Tube. Seien Sie darauf vorbereitet!

> **Alternativen suchen:** Lässt Ihr Hund bei Schritt 4 das Brötchen liegen, ohne es zu beachten, suchen Sie nach einer verführerischen Alternative. Allerdings sollte es etwas sein, was der Hund nicht direkt schlucken kann. Außerdem müssen Sie die Verführung mit Ihren Leckereien noch toppen können.

> **So geht es weiter:** Nach Schritt 6 kann der Hund das gesamte Brötchen essen. Wichtig ist nur, dass er es eintauscht, wenn Sie es wollen.

> **Signalwort einführen:** Lässt der Hund das Tauschobjekt fallen, fügen wir das Signalwort „Tauschen" oder „Danke" ein. Es ist ein neutrales Hörzeichen, um das Ausgeben anzukündigen.

Auch Kauknochen sollten Hunde ohne zu murren abgeben lernen.

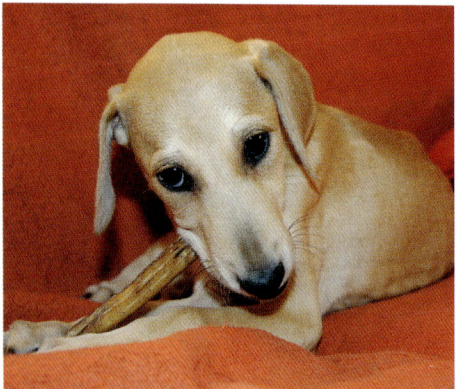

Hat der Hund gelernt zu apportieren, kann er meist auch problemlos tauschen.

Essen von der Straße als Belohnung?

Beim Bordsteintraining ist jegliches Essen mit dem Geruch des Halters „kontaminiert". Mit seiner hervorragenden Nase weiß der Hund sofort, was unseren Geruch trägt. Mit diesem Essen kann ebenfalls tauschen geübt werden. Allerdings ist es im fortgeschrittenen Stadium der Übungen notwendig, dass das Essen von anderen Personen ausgelegt wird. Denn nur so kann der Hund generalisieren, dass er nicht nur „mein" Brot eintauschen soll. Ich habe noch nie Hunde erlebt, die sich nach diesen Übungen mehr für das Essen von der Straße interessierten als vorher. Denn hierbei wird lediglich den Hunden ein Alternativverhalten aufgezeigt, die sich bereits für die „Köstlichkeiten der Straße" interessierten. Für andere Hunde ist diese Übung gar nicht erforderlich.

Wenn Hunde knurren oder Zähne zeigen

Bewachen Hunde ein Objekt, so ist es meist ein Spielzeug oder etwas Essbares. Wichtig ist zu erkennen, dass der Hund in dem Moment keine andere Wahl hat, er muss dieses Verhalten zeigen. Es ist ihm zu wichtig, als dass er diese Sache teilen könnte. Eigentlich ist Dankbarkeit angebracht, dass der Hund durch Knurren oder Zähnezeigen warnt. Er zeigt damit an, dass es für ihn eine schwierige Situation ist und er keinen anderen Ausweg kennt, als zu drohen. Denn würde er nicht warnen, würde er vielleicht gleich zuschnappen und das wäre für alle Beteiligten noch unangenehmer. Also sollte man es tunlichst unterlassen, ihm das Drohen zu untersagen. Denn damit bleibt für manche Hunde nur die Alternative anzugreifen.

Alternativverhalten zeigen

Die Konfrontation ist keine gute Wahl. Besser ist es, dem Hund ein Alternativverhalten aufzuzeigen: das Eintauschen. Das Eintauschen wird geübt wie oben bereits beschrieben.

Dabei kann das Brötchen durch ein tolles Spielzeug ersetzt werden. Besonders hart wird es für die meisten Hunde bei bereits angenagten Kauknochen oder Kalbsknochen. Von Kalbsknochen

Sieht man einen Hund so vor sich, darf man keinesfalls auf Konfrontation gehen.

raten viele Tierärzte inzwischen aus gesundheitlicher Sicht ab. Sind Sie gerade in der Situation, dass Ihr Hund Drohverhalten zeigt, bewahren Sie die Ruhe und gehen folgendermaßen vor.

So gehen Sie vor

1. Hat Ihr Hund ein Problem und droht Ihnen, dann lassen Sie ihm in diesem Moment den Gegenstand.
2. Gehen Sie demonstrativ zum Kühlschrank, wenn er Dinge aus dem Kühlschrank liebt, oder zu seiner Leine, wenn er es liebt, mit Ihnen rauszugehen.
3. Nun rufen/locken Sie ihn mit der Leckerei oder der Leine in der Hand.
4. Kommt er, erhält er seinen Click und seine Belohnung, entweder einen kurzen Spaziergang oder eine Leckerei.
5. Ist eine zweite Person in Ihrer Nähe, dann entfernt die andere Person in der Zwischenzeit den Gegenstand. Ansonsten nehmen Sie den Gegenstand so, dass Ihr Hund es am besten nicht mitbekommt, z. B. schließen Sie vorher eine Tür zwischen sich und dem Hund.

Wichtig!
Ziehen Sie in diesem Fall unbedingt einen Hundeexperten hinzu, damit es zu keinen ernsthaften Zwischenfällen kommt.

Bereits mit Welpen sollte das Tauschen geübt werden.

Tauschen lernen bei Welpen

Die oben beschriebene Vorgehensweise ist erst notwendig, falls der Hund ein Drohverhalten zeigt. Wird das Tauschen von Welpenbeinen an geübt, entstehen solche Situationen selten.

So gehen Sie vor

1. Die erste Übung besteht darin, besonders leckere Belohnungen gegen wenig begehrte Objekte einzutauschen. Dies wird drei Tage lang mehrmals am Tag geübt.
2. Die nächsten vier Tage tauschen Sie ein etwas begehrteres Objekt gegen ein „Super-Leckerchen". Das kann z. B. Katzendosenfutter sein, das viele Hunde lieben.
3. Erst danach tauschen Sie heiß begehrte Dinge, die Ihr Hund ansonsten bewacht, gegen die „Super-Leckereien".
4. Wichtig ist dabei, immer wieder das „Danke" als Signalwort einfließen zu lassen. Dann hat Ihr Hund die Möglich-

Arwen tauscht gern und lässt sich das Brot dann auch gern wegnehmen.

keit zu erkennen, dass er seine Gegenstände nicht verliert, sondern sogar etwas dazuerhält.

5. Nach jedem Tauschversuch bekommt der Hund seinen Gegenstand zurück.

So gelingt die Übung

> Unbedingt fleißig üben: Ich habe viele Kunden betreut, die durch ihren eigenen Hund verletzt wurden. Es waren stets absehbare Situationen, in denen der Mensch in die Konfrontation gegangen ist.

> Übungshäufigkeit: Die Tagesangaben sind nur Richtwerte, die sich in der Praxis bewährt haben.

> Dranbleiben: Wird das Tauschen im ersten Lebensjahr mit einem Hund kontinuierlich geübt, dann kommt es später nur sehr selten zu Drohverhalten.

Auf der Straße üben

Solange der Hund das Brötchen verteidigt, wird noch im Haus geübt.

Hat der Hund das Wort „Danke" verstanden, kann im Freien geübt werden. Hierbei kann eine Hilfsperson, die den Clicker bedient, von Vorteil sein. Denn nun muss man auch noch die Leine festhalten. Tauscht der Hund das Brötchen auf der Straße, dann ist es an der Zeit, die Attraktivität der ausgelegten Beute zu steigern. Doch versuchen Sie, den Hund immer erfolgreich sein zu lassen.

Das Endziel

Das eigentliche Endziel sollte nun sein, dass der Hund alles Essbare auf der Straße verschmäht. Auch hier kommt es auf Ihren Fleiß an. Bisher hat der Hund lediglich gelernt, seine Beute einzutauschen. Das ist der wichtigste Schritt, denn damit erhält dieses Essen eine geänderte Bedeutung. Der Hund hat gelernt, dass es eine Alternative gibt. Er kann es bringen oder anzeigen und erhält dafür eine Belohnung. Ob er es bringt oder anzeigt, hängt wiederum von seiner Rasse, seinem erlernten Wissen und seiner Individualität ab. Manchen Hunden bedeutet Essen extrem viel, für andere ist es absolut zweitrangig. Gehört Ihr Hund zu der ersten Kategorie, werden Sie ein Leben lang weiterüben müssen, damit er lernt, vieles

Durch eine mentale Auslastung des Hundes lässt sich unerwünschtes Verhalten leichter vermeiden.

liegen zu lassen. Für einen Hund der zweiten Kategorie wird das Essen von der Straße spätestens ab dem Erwachsenwerden uninteressant, da Sie ihm geholfen haben zu erkennen, dass es eine nur geringe Bedeutung hat.

Wie kann ich meinem Hund noch helfen, Essbares liegen zu lassen?

> **Ausgewogene Ernährung:** Sie tragen maßgeblich mit einer ausgewogenen Ernährung dazu bei, dass Ihr Hund diesen Lernschritt versteht.

> **Sättigkeit:** Ist der Hund satt, wenn er auf die Straße geht, fällt es ihm natürlich leichter, das Essen liegen zu lassen.

> **Futterumstellung:** Manchen Hunden hilft dabei eine Futterumstellung. Ich kenne Hunde, die durch Fertigfutter kein ausreichendes Sättigungsgefühl hatten. Nachdem sie Rohfutter erhielten, war der Drang, Essbares auf der Straße aufzunehmen, sehr viel geringer. Wobei das ganz und gar auf den individuellen Hund ankommt, und vielleicht ist die Fertignahrung genau das Richtige für Ihren Hund.

> **Mentale Auslastung:** Sie können Ihrem Hund auch helfen, indem Sie die Spaziergänge abwechslungsreich gestalten. Je mehr ich meinen Hund auf dem Spaziergang beschäftige, umso weniger kommt er auf die Idee, nach Essbarem zu suchen.

Service

Zum Weiterlesen

Weiterführende Bücher

Beck, Elisabeth: **Wer denken will, muss fühlen.** Kynos, 2010.

Clothier, Suzanne: **Es würde Knochen vom Himmel regnen.** Animal Learn Verlag, 2004.

Fisher, Sarah und Marie Miller: **100 Wege zum perfekt erzogenen Hund.** Kosmos, 2009.

Fisher, Sarah: **Anti-Stress-Programm für Hunde.** Ulmer, 2009.

Havener, Thorsten: **Ich weiss, was du denkst.** Rororo, 2009.

Krauß, Katja: **Hunde erziehen mit dem Clicker.** Kosmos, 2010.

Pryor, Karen: **Positiv bestärken, sanft erziehen.** Kosmos, 2006.

Pryor, Karen: **Die Seele der Tiere erreichen.** Kosmos, 2010.

Rugaas, Turid: **Calming Signals.** Animal Learn Verlag, 2001.

Tellington-Jones, Linda und Sybil Taylor: **Der neue Weg im Umgang mit Tieren.** Kosmos, 2004.

Tellington-Jones, Linda: **Tellington-Training für Hunde.** Kosmos, 2010.

Tellington-Jones, Linda: **TTouch für Hunde – für unterwegs.** Kosmos, 2010.

Ullrich, Ariane: **Mensch Hund! ... warum ziehst du nur so an der Leine?!** Mensch-Hund! Verlag, 2005.

Zurr, Daniela und Gisela Bolbecher: **Ganzheitliche Verhaltenstherapie bei Hund und Katze.** Sonntag, 2010.

Newsletter

http://www.hundebuch-newsletter.de/

Online-Zeitschrift

Clickermagazin
simone.fasel@rega-sense.ch
www.clickermagazin.ch

Nützliche Adressen

Deutschland

**Gesellschaft zur Resoziali-
sierung und Erziehung von
Hunden**
Hundeschule GREH
General-Pape-Str. 48
12101 Berlin
Tel.: 030-78951464
greh@greh.de
www.greh.de

TTeam Gilde Deutschland
Buschöhrchen 19
53819 Neunkirchen-
Seelscheid
Tel.: 02247-9693910
gilde@tteam.de
www.tteam.de

Gabi Maue
66482 Zweibrücken
Mobil: 0179-2231 504
gabimaue@t-online.de
www.tellingtonttouch-zwei-
bruecken.de

Hunde und Rübbelke GbR
Im Kuhlen 14
33129 Delbrück-Westenholz
Tel.: 02944-9749323
info@hundeundruebbelke.de
www.hundeundruebbelke.de

Tierakademie Scheuerhof
Michaela Harres
54516 Wittlich-Bombogen
Tel.: 06571-1499114
Scheuerhof@t-online.de
www.tierakademie.de

Ariane Ullrich
An den Wulzen 1
15806 Zossen
Tel.: 03377-330633
info@mensch-hund-lernen.de
www.mensch-hund-lernen.de

Sabine Winkler
Bielefelder Str. 126
33824 Werther
Tel.: 05203-883770
winkler@aha-hundeausbil-
dung.de
www.aha-hundeausbildung.de

Österreich

TTEAM Büro Österreich
Spitalgasse 7
2540 Bad Vöslau
Tel.: +43(0)664-1250252
office@tteam.at
www.tteam.at

Schweiz

**Tellington-TTouch®-
Interessens- und Berufsver-
band Schweiz**
Sekretariat
c/o Maya Conoci
Bruster 5
8585 Langrickenbach
Tel.: +41(0)71-6400175
gilde@tteam.ch
www.tteam.ch

Niederlande

Tellington TTeam Gilde
Niederlande
p/a De Hoek 27, 4185 NT Est
Tel.: 06-54366311 (Sylvia)
Tel.: 06-51215109 (Monique)
info@beestengoed.nl
www.tellingtonttouchtrai-
ning.nl

Katja Krauß gründete 1996 ihre Hundeschule GREH in Berlin (www.greh.de). Durch die revolutionäre Kombination aus Clickertraining und Tellington-Methode gelang es ihr, ein ganz spezielles System der respekt-vollen und effektiven Arbeit mit Hunden zu schaffen. Durch dieses spezielle System überzeugte sie so sehr, dass sie neben ande-ren prominenten Kunden auch die Töchter des Scheichs von Dubai im Hundetraining schult. Auch Ersthundehalter bekommen sehr schnell eine gute Anleitung zur Erziehung ihres Vierbeiners.

Register

Ablenkung 42, 55
Ablenkung durch Bezugs-
 person 60 f.
Ablenkung schaffen 55 ff.
Ablenkungsobjekte 55
Abwechselnd gegebene
 Signale 12
Abwechslung 74
Alternativverhalten 71
Alternierende Signale 12
Anhalten durch Sitzen 42
Anhalten und Rüber 53
Auslastung, körperliche 54
Auslastung, mentale 74
Ausziehleinen 1
Autos 15

Balance des Führenden 23
Balanceleine 25 ff.
Balanceleine Plus 27 f.
Beschwichtigungssignale 6
Bewegung 9
Bewegungsreize 15, 59
Bewegungsspielraum 17
Bordsteintraining 40 ff.
Bordsteintypen 54
Brustgeschirr 18 ff.

Calming Signals 6
Clickertraining 10, 14, 52

Doppelkontakt-
 führung 21 f.
Doppelter Diamant 30 f.
Drohen 71

Eingeschränkte Kommuni-
 kation 6

Eingewöhnungsphase 34
Eintauschen 71
Ernährung, ausgewogene
 74
Essbares liegen lassen 66 f.
Essen, herumliegendes
 55 ff.

Fahrräder 15
Fresslust 67
Fühlsignal 47
Führhilfen 17
Führtraining 17 ff.
Futterumstellung 74

Geduld 54
Generalisierung 64
Geräusche 42
Gerüche 42
Geruchliche Grenze 41
GREH-Kuchen 70

Halsband 18
Halsbandführung 7
Halswirbelsäulenschäden 7
Hautverschiebungen 36
Hilfen abbauen 47
Hilfen geben 46
Hilfsmittel 17 ff.
Hörsignal 47
Hörzeichen 44
Hüftgelenksdysplasie 30
Hundebegegnungen 10 f.

Jogger 15

Knurren 71
Köder auslegen 57

Köder wählen 58
Konsequenz 52
Kopfhalfterführung 12,
 32 ff.
Körperliche Spannung 8
Körperschwerpunkt 19 f.

Leberwurst 70
Leckerchen 10
Leine ziehen 8
Leinenaggression 7, 13, 32
Leinenführigkeit mit dem
 Clicker 36 f.
Leinenführung 6 ff.
Leinenführung beachten
 52
Leinenruck 7
Lernpausen 53
Lernplan, individueller 54
Lerntheorie 54

Menschen begrüßen 13
Mentale Auslastung 74
Mundwinkellecken 13
Muschel-TTouch 58 f.

Neutralhaltung 24
Noahs Marsch 36

Pubertätsbeginn 16

Reaktantes Verhalten 66 f.
Reize simulieren 55 ff.

Schäden an der Halswirbel-
 säule 7
Sichtsignal 47
Signal Bordstein 50

Signal Rüber 45 f.
Signalgebung 44 ff.
Sitz aufbauen 52
Spielen an der Leine 13
StepIn Geschirr 28
Straßenverkehr 6
Super-Balanceleine 28 f.

Tauschen 66 ff.
Tellington TTouches 13, 22,
    36
Timing 60

Überqueren der Straße
    44 ff.
Übungshäufigkeit 73
Umweltreize 41
Unfallverhütung 6

Vergiftungsgefahr 68 f.

Wahrnehmung des Hundes
    40 f.
Welpen 38, 72
Welpengruppe 11
Wirbelsäulenprobleme 30

Zähnezeigen 71
Zeit 54

Bildnachweis

94 Farbfotos wurden von Katja Krauß extra für dieses Buch
aufgenommen. 2 Farbfotos von Thomas Stuth (S. 2 0, 40).

Impressum

Umschlaggestaltung von eStudio Calamar unter
Verwendung von zwei Farbfotos von Katja Krauß.

Mit 96 Farbfotos.

Unser gesamtes lieferbares Programm und viele
weitere Informationen zu unseren Büchern,
Spielen, Experimentierkästen, DVD, Autoren und
Aktivitäten finden Sie unter **www.kosmos.de**

Alle Angaben in diesem Buch
erfolgen nach bestem Wissen
und Gewissen. Sorgfalt bei der
Umsetzung ist indes dennoch
geboten. Autorin und Verlag
übernehmen keinerlei Haf-
tung für Personen-, Sach- und
Vermögensschäden,die aus
der Anwendung der vorge-
stellten Materialien und
Methoden entstehen können.

Gedruckt auf chlorfrei gebleichtem Papier

© 2011, Franckh-Kosmos Verlags-GmbH
& Co. KG, Stuttgart
Alle Rechte vorbehalten
ISBN 978-3-440-12267-9
Projektleitung: Hilke Heinemann
Redaktion: Ute-Kristin Schmalfuß
Gestaltungskonzept: eStudio Calamar
Gestaltung und Satz: Atelier Krohmer, Dettingen
Produktion: Eva Schmidt
Printed in Germany / Imprimé en Allemagne